ZHANGZAIYUAN
Correspondence About Architectural and Urban Design Philosophy

China Space Idea

中国空间思路

——建筑与城市艺术哲学书简

张在元 著

中国建筑工业出版社

图书在版编目(CIP)数据

中国空间思路：建筑与城市艺术哲学书简/张在元著.
北京：中国建筑工业出版社，2007
ISBN 978-7-112-08991-8

Ⅰ.中... Ⅱ.张... Ⅲ.城市建筑-哲学理论-中国
Ⅳ.TU-021

中国版本图书馆CIP数据核字（2007）第009341号

本书是武汉大学城市设计学院院长、教授、博士生导师张在元先生论述建筑与城市艺术的一本通信集。全书由18封信件组成，探讨了建筑与城市的许多学术问题，诸如城市形象的构成；城市传统建筑文化的保存；建筑设计中的崇洋媚外；城市的标志性建筑；建筑与城市设计的思想、理念与哲学等。全书具有相当的可读性。本书可供广大建筑师、规划师、建筑与城市规划理论工作者、建筑院校师生学习参考。

责任编辑：吴宇江
责任设计：张 怡 赵 力
责任校对：兰曼利

中国空间思路
——建筑与城市艺术哲学书简
张在元 著
China Space Idea
Correspondence About Architectural
and Urban Design Philosophy
ZHANGZAIYUAN
*
中国建筑工业出版社出版、发行(北京西郊百万庄)
新华书店经销
北京广厦京港图文有限公司制作
北京顺诚彩色印刷有限公司印刷
*
开本：787×1092毫米 1/16 印张：18 字数：438千字
2007年3月第一版 2007年3月第一次印刷
印数：1-2500册 定价：90.00元
ISBN 978-7-112-08991-8
(15655)

(邮政编码 100037)
本社网址：http://www.cabp.com.cn
网上书店：http://www.china-building.com.cn

目录

自序 II

1.只见天安门 不见观礼台
——德国海德堡大学随想 8

2.建筑与城市的标志性 30

3.房地产策划与建筑设计 44

4.国际化与逆国际化 54

5.喧嚣中的宁静 68

6.建筑与城市艺术的公众话题 82

7.关于《非建筑》的评论 92

8.重庆琵琶山观景阁设计 104

9.在同一地平线上 118

138 10.早期汉口的城市形象

146 11.别墅设计无止境

156 12.城市形象直觉

172 13.广州五年

186 14.龟蛇锁大江

200 15.城市加减法

214 16.城市设计游学
——从海德堡到汉堡

232 17.中国需要城市战略家

254 18.“功夫”在设计之外
——张在元与程泰宁对话

286 后记
空间生命之树的年轮
——中国空间思路

自序

1949～1979年，中国建筑界在整体上几乎处于与世隔绝的状态——中国建筑师在全方位系统上不知道国际建筑界的学术及其设计动向，国际建筑界也不清楚中国建筑界的组织构成及其设计作品体系；中国建筑师不知道国外建筑师在建筑与城市设计方面所研究的课题，国外建筑师更不了解中国建筑师的理想及其职业目标。

中国建筑师参与国际建筑学术交流曾非常有限，尤其在建筑思想领域的交流几乎是空白。

中国的建筑思想及建筑艺术哲学一度非常贫乏与苍白，源于20世纪中叶之前中国没有树立建筑师的尊严；至20世纪末叶，都很少有记录建筑匠人至建筑师关于建筑与城市艺术哲学的历史文献。

几乎所有的中国建筑艺术哲学都凝固于皇城、宫殿、寺庙、园林与陵墓——这是中国建筑与城市文明五千年沉淀在一个角落领域的结晶体。

20世纪80年代以来，中国建筑与城市发展逐步进入国际交流领域。鉴于历史客观事实，建筑、城市文化交流与冲突并存。与其说从国外引进了外国建筑师的设计作品，不如说是国际上各种建筑与城市设计思想、理念及其艺术哲学蜂拥而入——带给中国建筑界的信息不仅包括大量精华与经典，同时也有相当糟粕与沉渣。

于是，在建筑文化交流过程同时出现系列“文化冲突”：

外国建筑师是中国建筑界的“救星”吗？

中国建筑与城市的“国际化”与“地方性”体现的进展迹象是什么？

中国各地城市特征的“识别性”与“区别性”如何得以保持？

中国新建筑艺术的价值与地位何在？

中国城市在国际城市之林的影响力及其地位是怎样的？

中国建筑与城市的信仰及其自信心如何？

21世纪中国建筑与城市空间艺术哲学的求索之路是什么？

未能经受西方“科学革命”与“工业革命”洗礼的中国建筑与城市与其说是在20世纪末叶快速接受了“工业革命”及“信息革命”的成果，不如说是近乎突然受到“工业革命”及“信息革命”的冲击——从地铁到高速公路，从集装箱到超级市场，从地下车库到购物中心，从公共社区到高层建筑，从国际空港到全球互联网……来势迅猛的“现代建筑与城市硬件”正在改变中国人的心态及其生活与工作方式，与此同步的建筑与城市发展也出现一系列危机：空间与形态模式的雷同性日趋增强，各地建筑与城市文化的差异性逐渐模糊，空间艺术的扭曲及其蜕化比比皆是，趋于沉重的环境负荷压力降低了建筑与城市生活的品质……

当以网络时代为标志的“科学革命”将全球城市连成一体之际，中国城市跻身于世界城市之林的信息与生活开始同时在同一地平线上运行……此时，面对当代中国建筑与城市空间艺术的困惑与危机，我们应当更为冷静而又清晰地思考关于建筑与城市艺术哲学的基点：全球经济一体化，决不是全球建筑与城市一体化；中国建筑、城市发展与危机同步；从根本上处理与对应危机并不能单一依赖技术，而应立足于建筑、城市思想与艺术哲学的求索过程。

这是一个相当漫长的求索过程。

写到这里，窗外遥远的地平线上露出依稀曙光。

此时此刻，我感到自己关于中国建筑与城市艺术哲学的思考在经历了漫长“黑夜”之后，终于觉得发现一线希望——东方微明，天刚蒙蒙亮。

在元

2006/10/12　于武汉大学城市设计学院

1. 只见天安门　不见观礼台

——德国海德堡大学随想

德国海德堡大学，宁静的校园，只有一片片土红色砖墙在悄悄地倾诉学识的沉淀

迪亚：

你好。

在东京大学，我们曾确定冲出日本岛的第一个远游目标就是德国海德堡。

因为世界最为古老的欧洲学府之一——海德堡大学就在这里。

大学是一个很奇特的单位，只有那些古色古香的小镇或社区之名与大学连在一起，人们才感到是“大学”。

因为，大学之所以是大学，就是因为古老，因为有沉甸甸的学术积累，才有久远的历史，才有文化的积淀，才有学府的典雅氛围。

很奇怪，现在，每当接触到国内一些如雨后春笋般突然之间冒出来的新大学，新校区所在地没有历史文脉，更缺乏典故，无论如何渲染包装，甚至打出天大的广告招牌，也感觉不到这些大学是“大学”。

并非唯古论大学，只是由海德堡大学之名所联想与感慨。

“堡”是一所古老大学名副其实的载体，而不是什么“中心”、“开发区”或“大学城”之类稍纵即逝的时空片断。

海德堡街景

今天，我终于从法兰克福乘火车到达海德堡。

太早！这里天刚蒙蒙亮。

四周静悄悄。

出车站，就是一辆城市有轨电车。

有轨电车上没有售票员，只好敲着一片隔断玻璃向司机快速打一个不明不白的哑语手势，大意是“这趟车去海德堡大学吗？”

电车司机似乎立刻明白了我的手势，伸出右手优雅地发出一个“跟我来”的信息。呵！德国司机的反应还算相当快

大约经过五个站，德国司机又伸出右手发出一个“请下车，这就到了海德堡大学”的信息。停好车，德国司机回头露出一副显然事先早已准备好了的职业微笑，就是这一瞬间的微笑给我的感觉非常好，没有异地陌生感，使我的心态瞬间融入这座城市，预感这一天都是阳光灿烂。

落脚地是一块块深铁灰色的铺砖，地砖的质感与基调使我意识到这才是大学的路，历史的沉淀、文化的积累首先就从地面给人以真实的感受。联想到国内几所号称百年老校被

内卡河上的水闸机房

糟蹋了的校园环境，地面很难找到一块百年地砖，几乎清一色旧貌变新颜，不是生硬的水泥抹面，就是刚出厂的七拼八凑人工陶瓷板。

穿行于海德堡大学的小广场和街巷,四周都是一片片显示着当地建筑特色轮廓的剪影。

朦胧依稀，路灯仍然在闪烁柔和的弱光。并非电力不足，或许是这座小城所追求的幽谷情调，因为海德堡大学就坐落在一条幽深的山谷。

一条小河（内卡河）悠然穿过海德堡，正值汛期，流水静静西去。

河岸许多古树与座椅浸在河水里，其实这也是一种水城的情调。

一座古堡在河南半山坡俯瞰小镇，犹如海德堡的守护神。

古堡的整体基调为深沉的土红，非常深沉的土红，不艳丽、不杂乱、不张扬、不喧嚣，只是在那里沉静地思考。

城市是建筑的思考。

大学是城市的哲学。

一座城市，如果没有思考的建筑，或者没有值得思考的建筑，直至没有蕴涵建筑与城市艺术哲学的街道、广场，呈现于世的则只是苍白的面孔。

海德堡大学，草地、石墙、树影，窗口闪烁的灯光，土红色的屋顶，这里是学子心中的求学圣地

海德堡大学在城市里，城市在海德堡大学中

这就是当今许多城市所患的“文化贫血症”。

海德堡流淌着这座城市古老的“血液”。

海德堡延续着海德堡大学古老的文脉。

海德堡倾诉着每一个角落建筑与城市艺术哲学的属性。

站在河边眺望两岸的建筑群及其城市轮廓线，尽管教堂尖塔此起彼伏，但整体韵律却如此和谐，从古堡延伸而来的土红色基调平静地渲染海德堡的城市文化底蕴。

城市的土红色基调如此清晰，没有商业广告的杂乱穿插，也没有工业社会留下来的种种设备与设施。一切都是那样真挚的纯粹，一切也显得那样质朴的亲切。

海德堡的土红色基调使我联想起小学课文中第一次见到“首都北京天安门的红墙……”

北京的“红墙”带给我们封建皇朝时代一些至高无上建筑的信息；同时也联想到20世纪中叶开始建立的共和国的庄严与神圣；此后，“祖国山河一片红”、“普照祖国大地的红太阳光辉”都来自天安门的“红墙”。

直觉告诉我：海德堡的土红色显得那么沉静与平和，使人的心态沉浸于平静与和谐，因为每一块石、每一片砖都在那里静悄悄地陷入千年学术的沉思，凝聚莘莘学子的真挚求索。

海德堡大学，深沉的土红色石墙，蕴涵大学与城市久远的文化记忆

在海德堡大学的小街小巷，我情不自禁地抚摸那一块块石、一片片砖，将脸久久地贴在石板上、石墙上，仿佛接受到来自远古土红色城堡的只言片语。那是什么？啊！原来是建筑，纯粹的建筑！是城市，纯粹的城市！

我总是将自己推向自我陶醉的直觉深渊，我在寻找，一直在寻找，到底在寻找什么呢？今天终于在海德堡找到了，是建筑的纯粹与纯粹的建筑，是城市的纯粹与纯粹的城市。

我的思绪又飘浮到北京天安门前，因为这里曾经是激励我们整整一代人“指点江山，激扬文字”神圣而又庄严的圣地。突然，我注意到观礼台，对，就是那一排常年静悄悄地簇拥在天安门两侧的观礼台！直觉迅速传达过来一条惊人的信息：在当今中国，真正纯粹的建筑只剩下这座观礼台了。

难道中国建筑现状真是到了如此山穷水尽的地步吗？！我在极其严肃地反问自己：千万不要坐井观天、孤陋寡闻，中国天下如此之大，纯粹的建筑艺术绝对远远不止这几座观礼台！

但是，我仍然相信自己的直觉。

我在观礼台周围整整转了一天。

美的第一直觉是和谐的整体感。

内卡河畔，海德堡大学的轮廓线

海德堡流淌着这座城市古老的血液，海德堡延续着海德堡大学古老的文脉

北京，历史文化沉淀的红墙与灰瓦

故宫拥有独具一格的和谐整体美感。

而观礼台将自己谦恭地融入天安门的和谐整体美感之中。

当年在天安门前作加建观礼台的建筑师比设计国家大剧院的法国建筑师更懂中国建筑文化，更为尊重中国建筑文化！可是，我不明白，观礼台在天安门旁默默地站了半个世纪，几乎从没有任何建筑评论与媒体提及这组建筑群及其设计者！而对于一座耗费巨资的国家大剧院及其设计者却大肆渲染，甚至吹到天上——“落后”而又“古老”的北京城似乎只有外国“大师”才能拯救……

某些城市及部门的当权者以及媒体某些主持者的愚昧在当今中国已经张扬到可悲的地步！导致中国建筑与城市进展的误区主要原因不能不说与上述人士的偏见与盲目决策相关。

观礼台设计的成功首先在于本体构成在比例、尺度、色彩基调及其表面材质上与天安门城楼浑然一体，以致长期以来人们几乎从未注意到观礼台，甚至以为天安门城楼原先的“附属配套建筑”就包括观礼台。

当今浮躁的心态孕育出不计其数的“标志性”、“国际性”与“跟风型”建筑，拷贝“现代”注重个体建筑，自行其是，夸张，却割断了北京城的和谐整体美感，惟独观礼台在天

从长安街眺望天安门与观礼台，土红色基调是北京的历史文化沉淀

安门前保持了和谐北京的历史见证。

无声胜有声。

当我们不断为那些标新立异的北京新建筑而喝彩时，或者为那些出自某些“大师”之手的标志性建筑而大加赞扬时，是否可以冷静地想到老北京的“土红色”与“砖灰色”？

沉浸于海德堡历经沧桑的城市“土红色”，我丝毫没有觉得海德堡是多么“落后”，面对北京长安街夹道屹立的新建筑群，也没有感到北京有多么“现代”。

只是站在天安门前，透过金水桥汉白玉栏杆眺望观礼台，才意识到从北京的传统建筑文化底蕴中流淌出的“现代城市层次”：简练的轮廓线、纯净的“土红色”、适宜的尺度感、温馨的亲切度。

世界上存在评价建筑的无数原则与标准，或许在一个民众对建筑众说纷纭的社会可以出现百家之言，当人们有意识开始欣赏、品味观礼台时，或许会感到奇怪：为什么过去我们只是注意到天安门而没有留意观礼台，为什么我们一向将观礼台与天安门连成一体？观礼台在庄严神圣的天安门前“消逝了”。

作为衬托主体建筑的“配角建筑”巧妙地“消逝了”，不由得使我想起一句格言：真正

的空间艺术是不留痕迹的。

在任何一座城市的建筑群中，所谓“主角建筑”与“配角建筑”从来都不是以规模体量和高度而确定；所谓“主角建筑”与“配角建筑”必须遵循相关主次关系。

观礼台在“土红色”的城市基调中悄悄地“消逝了”，这是一种多么高尚的建筑情调与境界。可是，只有你走近观礼台，你才可以发现观礼台的主体形态构成并未刻意去模仿天安门的“神似”，也没有以现代结构与材料去复制天安门城楼上的飞檐、斗栱或柱廊。

事实上，与传统建筑“协调”有多种手法，并非只有像那些复古主义手法用现代“结构”去制造现代的“营造法式”。观礼台采用了一种简练雅致而又体现出衬托天安门主体建筑得体设计方法的设计语言，准确地叙述了一个古老与现代衔接的城市的故事——捍卫“土红色”的城市基调，以“土红色”及其“衬托主题”的钥匙打开通往故宫建筑群的城市文化之门。

在北京，甚至在中国，与观礼台接近的“城市减法”设计思路及方法似乎太少。大家习惯于在设计中多用“加法”，千方百计对各类建筑进行五颜六色花枝招展的装饰，或者是为应付超大型活动而进行的市容突击表面涂抹美化，结果导致当今中国任何一座城市都变成了“堆砌城市”、“广告城市”与“布景城市”。

北京向我们倾诉土红色的城市故事

色彩是人类审美意识的共同语言。海德堡“土红色”与北京天安门城墙及其观礼台的“土红色”可谓异曲同工。尽管海德堡与北京的城市历史文化背景相异，但是，城市色彩所体现的文化符号却如此之近，难道不能使我们在同一地平线上感受到东西方文化的某些会合点吗！

北京天安门前的观礼台是一个拥有历史纪念意义的北京城市艺术片断，令人回味无穷的感慨是观礼台“消失的轮廓线”……

世界就是这样：需要消失的东西在我们喧嚣的城市不明不白长期盘踞存在，而那些真正拥有本地文化底蕴的经典却在那里默默无闻，甚至委曲求全地夹杂在蔚然屹立的广厦之间的某一角落。或许，只有在城市文化长年累月的沉淀过程中才可以真正辨别出称得上是“作品”的建筑。尽管一系列应该被称为“作品”的建筑在城市空间突然消失了，但是那些显然不太张扬的建筑却始终存在于人们心目中，这就是城市记忆。

海德堡留给我关于“城市土红色”的记忆。

海德堡也带给我“城市土红色”的联想。

“土红色”使我们深切地意识到德国海德堡与中国北京天安门观礼台都在同一城市文化层面。

观礼台默默地陪衬着天安门，而这种陪衬烘托的谦逊反而更令人景仰

世界人民大团结万岁

透过金水桥汉白玉栏杆眺望观礼台，才意识到从北京的传统建筑文化底蕴中流淌而出的城市文脉

让我们分享“城市土红色”的愉悦。

这封信写得太长，因为太激动。

读完这封信千万别嘲笑我的“汹涌澎湃”。

如果没有“汹涌澎湃”的思绪，这个世界上或许就没有创作热情的建筑师。

传给你一些形象文件，看后别晕倒。我只想告诉你一个真实的海德堡与北京一个诚实的观礼台。

一切正常，就像地球每时每刻围绕太阳旋转。

勿念。

在元

2005/2/26　于海德堡

（迪亚：东京大学中国留学生）

世界人民大团结万岁

海德堡，土红色的城市基调

北京的土红色成为城市导向性历史标志基调

广州中山纪念堂成为社会公认的城市标志性建筑

广东美术馆中庭成为城市艺术品集萃标志性窗口

2. 建筑与城市的标志性

上海：从浦西眺望浦东

崔键：

你好。

来信提出关于“标志性建筑”的讨论，说明贵刊对于“标志性建筑”非常关注。这是人类建筑史上一个悠久的话题，同时也是当今中国社会争议的热点。

在人类建筑文明进化过程中，“标志性建筑”始终是一个经久不息的学术研究与设计创作课题，其意义与方法论超越国界、超越时代、超越思想的局限。

尽管各国建筑师在不同文化背景以各自设计思路探索“标志性建筑”的构成形态，然而，“时间”与“社会文化价值”对于“标志性建筑”的检验结果始终代表一个民族、一个国家的精神状态和建筑进步趋势。

结合中国国情，就“标志性建筑”议题从以下五个方面展开我的相关思考论点。

(1)

21 世纪将是中国建筑与城市复兴的100年。

德国柏林波茨坦广场

21世纪中国建筑与城市复兴的历史记录将留下各地城市标志性建筑的诞生与形成。

然而，在世界建筑与城市史上，几乎任何标志性建筑都经历了各自非凡的诞生及其阵痛过程。

“阵痛过程”的症状主要是业界与社会人士对于标志性建筑的“关注性争议”。

从现在开始，中国社会开始将目光投向标志性建筑——这是一个民族、一个国家文明进步的标志。

如果从理性层次透视，我们可以深切地意识到：当前中国社会将目光投向标志性建筑的普遍反应是对于“标志性建筑”的关注性争议。

这是社会建筑进展的必然趋势。

这也是“标志性建筑”在“争议”中诞生、形成乃至消失的必然过程。

可以预言：21世纪将是中国标志性建筑争议的100年。

(2)

人类进步过程的悲剧在于创造力枯竭。

美国洛杉矶：迪斯尼艺术中心（设计：美国建筑师F. 盖里）为新一代城市标志性建筑

在城市规划及其建筑创作一度失去本民族自信心，失去整体性创造力的状态下，城市及其项目决策者只有选择依靠那些浮光掠影、五光十色的“标志性建筑”来试图拯救城市的文化价值。

其实，选择首先就已经开始出现非理性的城市文化倾斜现象。

似乎只要有那些显赫的“标志性建筑”就可以装点城市的面孔。这是关于城市美学的永无休止的争议——对于“标志性建筑”的评价与认可始终存在见解分歧，城市成长的事实将在争议过程逐渐对这些“标志性建筑”作出评价及其裁决。

截至目前，考察一些城市的“标志性建筑”立体方案，可以发现许多构思仅仅强调建筑个体而忽视甚至藐视当地的城市规划及其城市现状，或者说某些“标志性建筑”并未获得当地城市规划的系统技术支撑，城市将为“标志性建筑”在综合体系方面付出历史性的代价，这种代价包括投资、运营、管理与潜在危机及其系列后遗并发症。

我们是否应该在城市规划过程中将更多的注意力集中于城市整体性的文化与生活品质？中国城市的现状改进与改善基本途径是结合地方实际的城市基层社区设计，并非仅仅靠几座孤立的“标志性建筑”即可旧貌变新颜。事实上，我们应该将城市复兴的思考点置

西班牙毕尔巴鄂：古根海姆美术馆（设计：美国建筑师F. 盖里）焕发古城青春活力

19世纪中叶，香港开埠时建成的圣约翰教堂，成为香中环的城市历史见证

美国纽约：克莱斯勒大厦（设计：威廉·凡·艾伦）曾以其高度成为举世瞩目的标志性建筑

美国圣弗兰西斯科儿童艺术中心

于城市的综合系统完善，是否可以在提高城市整体性素质的基础上而对于“标志性建筑”更进一步适当精益求精呢？！

(3)

建筑及其城市空间设计创造力的高度成就结晶体现于拥有人类公认的标志性。

标志性建筑给予人类意外强烈视觉冲击和愉悦的景观感受；

标志性建筑成为人类建筑与城市进步的纪念性经典；

标志性建筑可成为城市世世代代居住者自豪的象征；

成为标志性的建筑有希望作为人类文化结晶载入世界文化遗产史册；

在公众心目中享有崇高地位的标志性建筑可成为当时城市乃至国家领导人的杰出政绩。

(4)

20世纪80年代以来，在中国城市逐步升级的大规模开发进程中，“标志性建筑叠加”逐渐成为空间膨胀的突出特征。

广西北海银滩“扬帆酒店”（设计：喜玛拉雅空间设计2003）

流行自我标榜的“商业标志性建筑”以模仿“残缺欧洲建筑形式”哗众取宠，许多以自我标榜而推出的标志性建筑以拼凑“一知半解现代建筑片断”而招摇过市。结果，从与时俱进到事过境迁，由于城里城外大街小巷被各种大尺度“新标志性建筑”交错穿插，导致城市空间景观逐渐失去本地文脉特性。

“拔苗助长”的政绩欲望陷入“标志性建筑”误区，一些城市管理决策者在从“中变”到“大变”过程中一味追求新重点项目的“标志性”，结果，往往以牺牲自然环境及具有保存价值的建筑为代价而换取新建筑的“标志性”。

华南一座城市曾经提出“中变”与“大变”的城市发展目标，但是，如何以城市文化价值、城市研究学术定位以及城市综合效益评价尺度确定城市“中变”与“大变”的具体标准，我们一直对此感到困惑。城市可以变，但是一些具有历史标志性的社区及其建筑就不可以变。如果发生“中变”与“大变”，历史文化的真实价值如何体现？！

(5)

其实，任何一座建筑是否拥有“标志性”，是否具备“标志性”，是否存在“标志性”？

沈阳少年儿童活动中心（设计：喜马拉雅空间设计 2003）

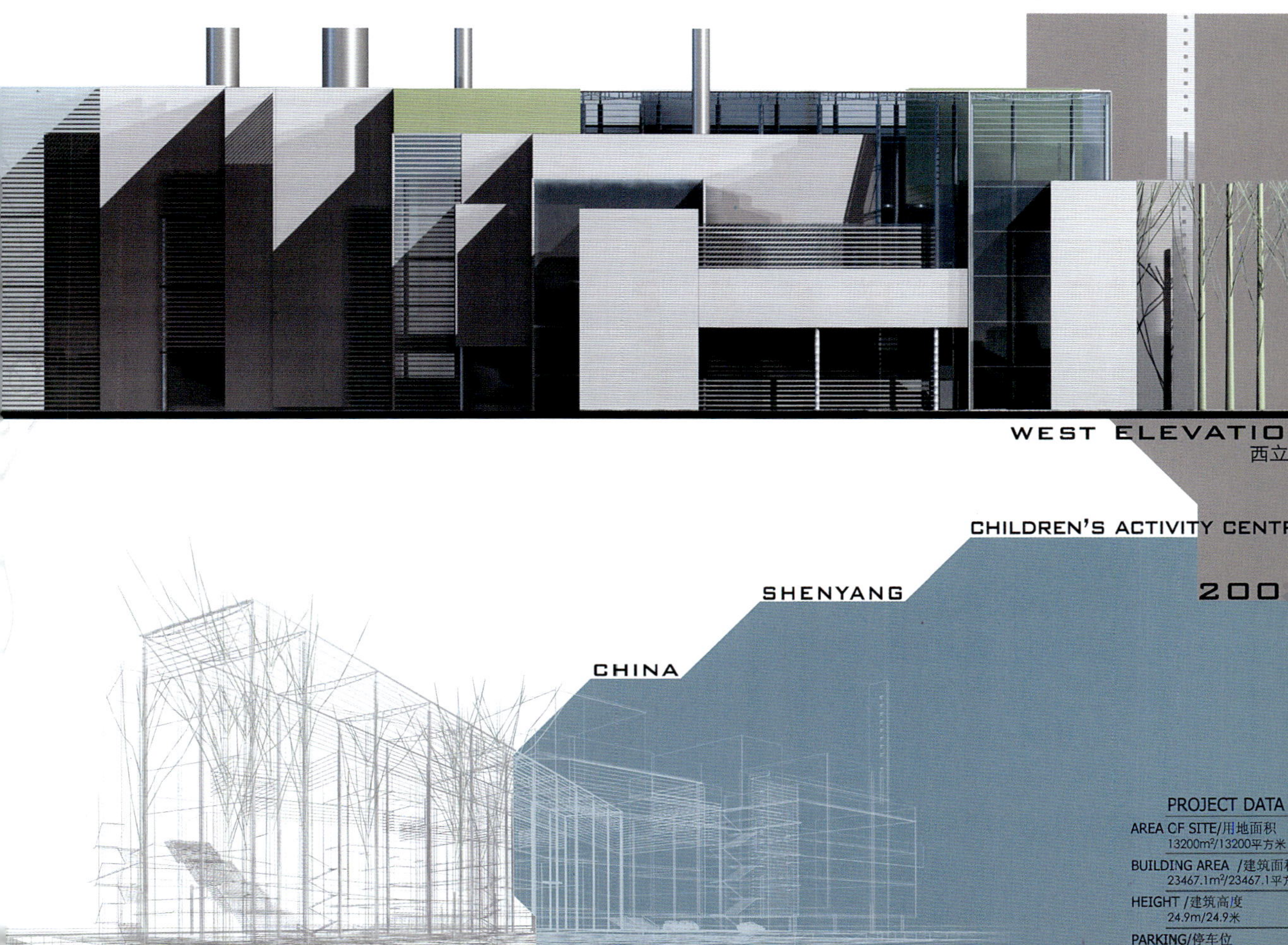

美国圣迭戈拉霍亚镇：索尔克生物研究中心（设计：美国建筑师路易斯·康）

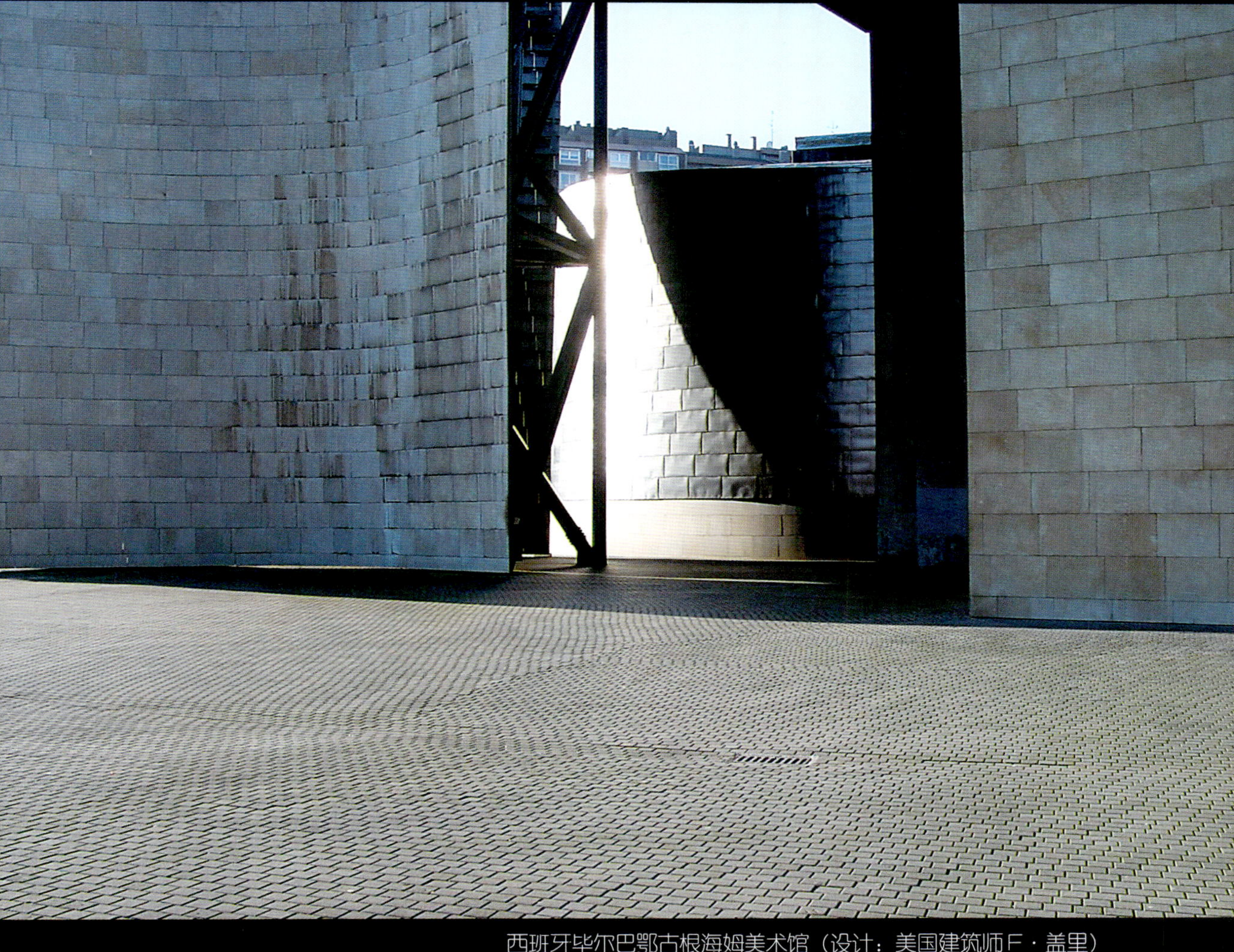

西班牙毕尔巴鄂古根海姆美术馆（设计：美国建筑师F·盖里）

并非自我所言至所定，而是在时间积累过程中由本体社会意义与文化价值得到公认所见证。

标志性建筑在城市轮廓线中通常具有主宰空中形象资源的功能，快速形成的城市景观序列尤其引人注目。因此，几乎任何城市首脑无不紧紧地抓住那些可视为"标志性建筑"的重点项目，渴望尽早以如数家珍的"标志性建筑"使所在城市产生新的建筑影响力。可是，多数事实一再表明，这种对"标志性建筑"自我膨胀的催化开发思路与模式往往事与愿违——由于配套环境基础设施支撑度不够，或者由于设计上缺乏充分文化底蕴支持，导致许多"标志性建筑"昙花一现、来去匆匆；或成为孤芳自赏的"城堡"，与周边建筑缺乏关联性"对话"，甚至与城市整体景观传统格局层面形成尺度与形态对峙感。

如果将城市空间比喻为高速公路，争先恐后叠加的"标志性建筑"已经进入拥挤堵塞或缓慢减速状态。如果其中有一辆"车"出现故障，尾随之"车"几乎都将被困于一段区间。

标志性建筑的标志性首先体现于文化独立性及其形态独特性，是广泛共性中罕见的鲜明个性。显然，如果城市到处都是标志性建筑，事实上也就没有标志性建筑了。

在元
2004/9/30　于北京
（崔键：《北京城市规划与建设》杂志编辑）

美国圣迭戈拉霍亚镇：索尔克生物研究中心是世界一流生命科学家成长的摇篮

迈阿密海滩小屋是旅游度假者的识别标志

美国迈阿密空港北侧一条小街上的咖啡屋，由旧火车头与车厢改造而成，具有明显的可识别性

ketmaster 212-307-4100
RICHARD RODGERS THEATRE
WEST 46th STREET
VISA
Proud Sponsor of Movin' Out
VISTA MEDIA
BKLYN
The Musical
ON BROADWAY
Washing
MORE HUMA
PARAMOUNT
AMERAS · COMPUTERS

美国纽约：时代广场成为代表美国现代城市文明的标志性窗口

3.房地产策划与建筑设计

20世纪80～90年代，深圳蛇口与南山一带建筑密度较低，城市空间与景观给人以滨海城市的从容、开阔之感。2006年再次重游此地，只看见高层公寓林立的高密度拥挤画面

王颖：

你好。

贵刊组织建筑师讨论与房地产相关的建筑设计热门话题，这是在为建筑师与社会人士，尤其是与房地产开发业主之间建立沟通的桥梁。

有识之建筑师，在项目定位与设计品位方面与房地产开发业主之间的交流程度直接关系到项目开发前景。建筑师希望房地产开发业主实现其充满理想色彩的方案，房地产开发业主则总是会喋喋不休地要求建筑师将方案从头修改到尾，直到一项设计变得完全面目全非——尽管这只是少数实例。但从一个侧面说明，在当今中国房地产市场，设计者与开发者之间始终贯穿一系列戏剧性的“沟通节目”，有冲突情节，也有柳暗花明又一村的转折。

此外，还有一个非常引人注目的“项目前期策划群体”在崛起，无论从设计还是从市场角度评价，这个“群体”正在与建筑师之间发生着各种“遭遇”与“奇遇”。各持己见，各显神通，最后总是在房地产开发业主的吆喝声中悄悄地和解。因为，许多道理谁也说服不了谁，最好的办法就是让“老板统治一切”。

建筑师最不愿意看到的悲剧就是“建筑艺术”在“老板统治一切”的过程中扭曲变形或无影无踪。但是，在越来越多的“老板统治一切”开明盛世，“建筑艺术”的阵营已经开始荷枪实

南昌新建步行商业街

弹冲出地平线——不是信号，而是事实。

总之，无论是空间艺术，还是市场导向，首先，面对策划、设计与市场的无穷变数，我们应该首先研究“策划与设计协调控制论”，这是一个过程的理性开端。

(1) 新生活空间在召唤

作为建筑师，职业本能之一在于关注房地产策划动向。

引人深思的房地产策划能够启发建筑师的空间设计想象力。

接触到拥有独到见解、独立立场、独特思维、独具风采的策划报告，感受到新生活空间在召唤、新风格形象在萌生、新理念品位在奠基。

建筑师创作的平台往往需要具有深邃洞察力的地产策划予以支持——单一结构的设计方式已经不适应这个时代的要求，因为从策划到设计的所有界面都凝聚着“策划与设计系统工程”的软件参数。

中国房地产正在全面进入一个‘品质至上”的时代。而品质起源于策划的目标及其对于整体项目的驾驭及其控制；同时，品质系统则取决于“策划与设计”的优化组合，由此对项目进展而产生整体控制效应。

香港沙田新城轮廓线及其环境配置

控制是一种科学的程序导向及机制约束系统。

在房地产领域，成功的项目进展因素首先在于建筑师如何进入“策划控制论系统”，并非被动地承受那些“策划报告”的压力，推动的重点应该是如何在“控制论”的平台将“策划→业主→设计”相对圆满协调。

(2) 策划失控状态

本项研究课题侧重于从空间设计的视角透视“策划控制论”的基本要素。

控制并非盲目的、非理性的压抑与制约，而是遵循规则的秩序以及科学的规律去引导事物进入优化目标。

在中国房地产进入高潮时期，作为前期准备的“策划”处于相当普遍失控状态，从空洞夸张到哗众取宠，从夜郎自大到极端炫耀，首先造成“策划”与“设计”脱节的误区，特别是由“策划高手”制造出来的某些五光十色的悬念，建筑师即使使尽浑身解数也难以实现那些不切实际的“遥远策划目标”。于是，空间体系的“假、大、空”现象开始悄悄地出现。

拥有一片山水相宜的自然环境，或许是南方这座城市的最后一片自然处女地。但是，今

北京东四十二条胡同，仍然拥有北京的“京韵”

天却正在挤进一批号称前卫性的新建筑群，自然生态原生环境遇到“七通一平”的摧残。依据“策划者”的思路，在这里要集中一批由名建筑师设计的“名作”，以提高这里的市场定位。结果，建筑与自然生态环境产生分裂，导致在人工破坏中出现新的破坏。

(3) 非控制过程

城市空间及其建筑群的非秩序状态，表明城市房地产曾经处于“非控制过程”。

对于一些特殊类建筑（或建筑群），通常注重于在法规系列控制单体，而往往在城市宏观大局以及在城市设计方面控制不力甚至失去控制。

目前中国的城市景观表层普遍值得关注：

● 街道建筑各自为政；

● 居住社区自成体系，但各小区之间在城市连续景观构成方面却缺乏相互之间必要的“对话”与“联系”。对此，几乎所有的策划报告均无提及，而是一味强调本小区应该如何精彩，却没有强调本小区应该与周边其他小区如何协调。

● 城市景观缺乏整体性，基调与质感浑浊。

北京东直门的一片胡同区幸运保存，这是见证老北京的缩影

(4) 想像与控制力

衡量一个民族的精神状态，基点是这个民族在生存空间开发方面所体现的想像力。

空间想像力表现世界。

但是，我们接触到一些关于房地产的策划报告，通篇只是一些充满商业口号式的渲染或者是无数经验数据的重复组合。如此策划或许在地产商业上将会被认为是多么具有价值，但是，在地产文化或者在融合城市文脉方面却缺乏相当想像力。

建筑师需要表现空间文化想像力与体现于地产商业控制力的“系统控制策划”。

房地产策划正处于一个十字路口，结合中国国情如何走出自己的路，还需要一个探索过程。

——上述见解表达了目前在规划设计过程的一些具体接触与启示，或许这些片断可以带给我们一些新的思考线索。

在元

2004/6/19　于北京

（王颖：北京《新地产》杂志编辑）

昆明街头的房地产广告，“绝版”与“洋房”之说纯属广告泡沫词汇

香港电车流动广告向市民传达城市生活时尚信息

Hapag-Lloyd

澳大利亚悉尼歌剧院（设计：丹麦建筑师伍重）提高悉尼在世界城市之林的地位

4. 国际化与逆国际化

朱颖：

你好。

贵校创办《城市建筑》学术刊物，预示你们将在城市平台讨论建筑，这是建立一项独立学术研究与交流方法体系的开端。

我一向坚持一项学术主张：无论是研究，还是设计位于城市的建筑，不能仅仅局限于从建筑到建筑，而应该是"从城市到建筑"。

可是，目前在我们的城市，建筑与城市的和谐关系几乎被割断，城市传统街区或被高架路肢解，或被互不关联的社区建筑（群）所隔离；城市缺乏足够公共空间的联系载体，建筑的高密度拥挤状况阻挡了城市轮廓线的舒展延伸。

当然，数不胜数的建筑问题并非仅仅局限于建筑的层次出现，而是在城市层面集中体现。因此，尤其是建筑师，必须形成自己的一种基本工作方法——任何城市建筑研究与设计方法的基点应该是"从城市到建筑"。

目前，中国建筑与城市设计进展过程所出现的普遍问题归结于"国际化"的见解。事实上，人们自然地将"国际化"与"现代化"并列，甚至认为"国际化"与"现代化"之间存在某种逻辑关系。于是，从社会民众到建筑师与规划师，在广义上广泛出现并

澳大利亚悉尼歌剧院，希腊国庆节的庆祝场面

叠加成一种观念上的误区："本土化"与"国际化"对立；"乡土化"、"地方化"与"现代化"对峙。

在此，对最近研究过程的资料进行整理，针对"国际化"与"逆国际化"的序列课题提出相关见解。这只是一种阶段性的研究记录，在从空间思想到空间艺术方面可以发现一些边缘线索。

(1)

千万不要以为现代建筑进展已经登峰造极！

地球表面人类空间的所有构成在宇宙时间序列都只是微不足道的刚刚开始。

即使是"五千年文明"也只不过是宇宙时间极其短暂的瞬间。

其实，人类在生存空间构成方面的进化至今仍然处于"混沌时期"。

无数空间表层错觉、幻觉、假象、迷信和盲目崇拜导致人类对于建筑与城市的心态浮躁直至分裂——这是混沌空间的底层。

如果以全球视野透视世界建筑状况，可以发现在欧亚大陆东部的一片土地上建筑与城市普遍呈现一种"非秩序现象" ——这是混沌空间的中间。

悉尼街头，市民乐队的自发表演，一种地方城市街头文化

建筑哲学贫困、建筑信仰危机——这是混沌空间的上层领域。

在中国，建筑与城市普遍存在的后遗症是“非秩序空间”。

秩序是宇宙运行的基本规律，非秩序表明局部进入（或正在进入）失衡或失控状态边缘。

在国家对于生存空间构成一旦处于失控（或局部失控）界面时，建筑与城市的非秩序现象便会连续出现——这是一个国家或地区建筑与城市进展过程的必然现象。

人类始终在谋求建筑与城市各种稳定的、永恒的秩序空间系统，但是，历史过程往往事与愿违：所谓稳定的、永恒的秩序空间系统在政治、科学、经济与艺术相互作用的旋涡中心旋转浮动，有的消沉，有的则被冲积进入城市以至区域的文化地质结构——文脉的演化形成与诞生。

人类建筑与城市进化过程的所有记录，全部归结为发生在这个星球上的“混沌空间现象”。

“混沌”并非混乱，“混沌”是一种空间文化的淘汰与孕育机制。

从物理学与气象学领域关于“混沌”研究进展感悟，建筑与城市同样处于“混沌现象”发生过程。

悉尼码头，市民与土著人合影留念，地域性与国际化并存

如果将发生在我们身边的所有空间现象以“混沌”界定，那么，首先需要探讨的基础结构则是建筑与城市哲学。

(2)

一个国家建筑与城市发展的状况是否进入国际化水准，需要从一个系统的全方位评价。

国际化通常是一个国家、一个地区、一座城市在建筑与城市的系统硬件指标方面所达到的国际相关标准的比例及范围。

世界进入全球化经济时代，各国在建筑与城市发展方面出现两个极端：“国际化”与“逆国际化”。

“国际化”与“逆国际化”所体现的建筑与城市现象设定为混沌空间的两个侧面。

世界上不可能，也没有必要让所有的城市都进入“国际化范围”。因为，每一座城市属于它自己，属于一个自己适于生存与发展的时代，有权选择并决定自己的命运。

从国家到世界，所有城市不可能同步发展。

(3)

悉尼码头区，以熊的脸谱与时装蕴涵地域、民族及其国际化特色

“国际化”首先是一个多元化、多极化的广义概念。以通信为例，凡是进入世界级通信网络的城市都可以被认为已经拥有相当“国际化程度”。然而，建筑与城市形态不可能像进入通信网络那样而出现“均质化现象”。由于城市文脉、审美意识、地理纬度、建筑法规、建筑材料以及施工技术的差异，建筑与城市形态的“国际化”并不意味着所有城市全面进入世界同一风格体系。

20世纪末叶，中国城市化进程加速。

从“国际化”到“国际大都市”的概念泡沫炒作几乎成为所有大中城市膨胀的热点。

在城市决策者层面，由于对世界城市化潮流缺乏总体把握，而且对中国城市化概念理解缺乏地域文化支撑，导致普遍出现建“国际化大都市”热。

于是，城市的“国际化”意味着照搬发达国家的某些建筑与城市模式，试图以建筑与城市文化“移植”快速进入国际化大都市之林。结果，往往欲速则不达，一味追求表面“国际化”的后遗症接踵而来：

城市景观的区别性与可识别性逐渐消失，建筑形态在基调与材质组合方面体现出错乱或过于夸张，几乎所有城市美感都在相当程度上失去了本体基调的和谐与协调。

“国际化”陷入模仿与照搬的泥沼。

悉尼空港出口处，以钢筋绑扎成的候车廊使来访者首先感受到澳大利亚地方特色

“国际化”悲剧的起因在于城市决策层对“国际化”的一知半解，由此导致观念误区以及失误决策——

- “国际化”不是由模仿导入的一体化，或者是亦步亦趋的“城市外套”。
- “国际化”不是表层空间文化抑制，舶来品永远不具有本体建筑与城市文化的生命力。
- 将城市“国际化”的希望寄托于并不了解中国国情的国外“大师”，而大师的手笔却离“国际化”又是那样遥远！

——以混沌空间的视野观察中国建筑与城市进入“国际化”过程的现象，首先意识到“国际化”与自我陶醉的五千年建筑与城市文明之间存在文化冲突——以对立的两个极端主义来解释“城市化”，导致一种非此即彼的结论：不是“国际化”的城市就是落后城市；中国城市只有实现“国际化”才是发展的惟一出路。

事实上，这种非此即彼的结论本体就是一种偏见。

(4)

至今，在中国，“国际化”建筑与城市空间观念仍然处于模糊边界状态——似是而非、指鹿

悉尼的一条小巷，体现出与国际化对立的地方保守主义

为马、浮光掠影、招摇过市。城市决策者追求政绩的首要出路在于极力推行城市国际化，甚至是不切实际的国际化，陆续导致系列潜在不利因素：

1）**公害转嫁**——城市“招商引资”是实现城市国际化的首要途径，一度也是体现政绩的重要指标。于是，对各种外商投资在城市布局、土地使用、基础设施、环境配置以及税收政策方面大开绿灯。而城市有关职能部门对外商投资项目的环境污染详情、生产工艺与环境限定条件、准确建筑规模及基本风格缺乏系统调查与掌握及其客观评价，而是一切以满足外商投资项目为首要原则，从而导致部分外商将污染项目（或潜在污染）转移到中国，沿海各省尤为集中，生存环境品质恶化。

2）**盲目崇“洋”**——为什么许多城市决策者如此崇“洋”？为什么在许多重大项目设计决策上如此偏向外国建筑师（或挂着外国牌子的中国籍设计事务所）？甚至发展到丧失民族自尊心的地步？西北某贫困省会决策层造“国际化之势”而举行某开发区“国际规划设计招标”，参加者全部为外国规划与建筑事务所，每家工本费为十万美元。由于外国“大师们”对当地情况确实只知表层皮毛，结果所提全部方案令当地项目主管层一片失望！如此国际化结局究竟是谁的政绩？贫困省会何以对外支出如此大方？

中部一座省会城市刻意特邀国外一位“建筑大师”提出一项新区规划方案。偶尔在飞

悉尼街边的烟囱被完整保留，成为这座城市工业文明时代的历史见证

机上看到一条广告宣传短片，介绍那位大师提出的规划方案，声称将会使这座城市尽快实现“国际化”，而且那位大师的‘共生建筑理论”是多么具有国际水平，甚至说中国的这座城市将会成为“共生城市”！ 20世纪60年代，“共生建筑理论”开始在日本建筑界出现，仅仅是一家之言，在日本建筑界也只是局限于第二次世界大战后对于日本建筑现象的一种解释。即使“共生建筑理论”适于界定当时日本的一些建筑动态，或者可以在一定层面论证那位“大师”的作品哲学，但是，这一切只是说明20世纪60年代的日本建筑状况，搬到今天中国一座与20世纪60年代日本毫无关联的内陆城市其实并不合适。因为，当前中国国情完全不同于20世纪60年代的日本，用所谓“共生建筑理论”来使这座中部省会城市“国际化”，显然是盲从性的牵强附会，仅仅是一种愚弄市民、取悦上级、误导媒体的错位“口号嫁接”。

3）相当多的外国建筑师及其设计事务所给中国建筑界带来一系列进步设计观念及方法，这是促进中国建筑进展的有利因素。但是，在人权、资质权以及设计权方面，中国建筑师与外国建筑师完全平等。然而，一些城市决策者在相当多的项目设计权以及设计费分配方面有意抬高外国建筑师，有意扩大中外建筑师在设计尊严、设计权以及设计费支出方面的差别。许多决策人认为：城市的“国际化”程度与邀请外国建筑师数量以及向外国建

筑师支付的设计费成正比。如此现象导致中国一批设计单位失去自信心与自尊心，只有靠“傍”某些外国大师事务所（流行名称为“联合体”）而撑门面。

……

引人深思，中国建筑与城市进展过程的“国际化”资源是否过剩？在此，提出一项见解：目前中国建筑界尤其需要更多关于“逆国际化”的思考模式及其探索！

并不阻碍建筑与城市“硬件”加速国际化的过程。

但是，我们迫切需要中国建筑与城市“软件”的“逆国际化”。

上海的租界时代已经结束整整60年，为什么“国际化”的样板常常给人强调那些新“欧陆风”或各种“欧洲小镇”？！不言而喻，建筑与城市特征是一个国家主权与尊严的象征，是一座城市在竭力保持自我特征轨道上的自主运行。21世纪初的上海究竟是一座什么城市？上海的“国际化”形象难道只是重蹈“租界时代”覆辙吗？！结论并非如此，真正属于上海“国际化”的本体创作仅仅处于萌芽状态。

深圳的“国际化”进入一个迷惑与困惑时代。试图在短时间内以“深圳速度”打造“国际化城市形象”的计划显然缺乏时间积累与历史见证的文化说服力。城市建设并非原子弹实验，前者需要地方文化支撑及其系统沉淀，国际化的前提是地方化，而作为深圳“地方

悉尼海湾灯塔，纯粹的石砌建筑，与城市中心区现代建筑形成鲜明对比。正是这种对比画面使我们发现悉尼国际化与“逆国际化”的城市文化基因

化”见证的旧城区几乎荡然无存，这座城市的“根”究竟在哪里?

我们期待着中国各地城市在实现“国际化”过程中千万不要盲目模仿上海与深圳。事实将会逐步证明，千百座地方城市实现“国际化”的基本途径并不局限于“国际化”，而是“逆国际化”。

——城市空间的‘自我”在哪里?

——城市空间的“区别”在哪里?

一切需要在“逆国际化”过程中立足本地探索。

在元

2004/6/28　于上海

（朱颖：哈尔滨工业大学《城市建筑》杂志编辑）

悉尼的希腊国庆节庆典：一座国际城市的风格

悉尼的希腊国庆节庆典（上）
悉尼的星期天“跳蚤市场”（下）

美国芝加哥：街头雕塑作品的人性空间

5. 喧嚣中的宁静

美国芝加哥，密歇根湖畔

祚刚先生：

您好。

六年前，您率领中国建筑学会代表团访问日本时，在从东京前往京都途中，我们在新干线的列车上就中国建筑的科学性与人文基础展开讨论。当时，您特别说明一定要以科学的系统观从整体上透视中国建筑；而且，您一再强调中国建筑进展不能盲目套用日本及欧美模式，归根结底是要花相当长时间（几代人的连续努力）探索出真正符合中国国情的建筑与城市体系。

当时，您的见解给我留下深刻印象，引起我的系列思考，几年来一直在这个思考圈里转来转去。

每当说起国外的建筑与城市，人们总是津津乐道，似乎上帝早已规定"外国的月亮就是要比中国的月亮圆"。其实，事实并非如此，在绝大多数情况下，我们只是看到外国建筑与城市现象的表层，或者只是接触到此时此地的片断，对于那些建筑及其城市的"背景"并不完全了解。事实上，国外任何一座"现代建筑"以及让我们崇拜的"伟大城市"，都经历了相当曲折与复杂的演变过程。如果我们有条件深入考察隐藏在那些"现代建筑"与"伟大城市"后面的经历，确实就会发现，今天在中国发生的建筑与城市的情况早在发达国家也曾出现，如今我们的所作所为只是在"重蹈覆辙"。

历史有惊人的相似性与重复性。考虑中国建筑与城市发展的问题，不能将思维圈局限

于国内，应该置于世界建筑与城市的坐标系；同时，也不能仅仅截取某一时空片断，因为任何事件都不是孤立发生，与历史、社会、文化、经济、体制以及当事人的当时心态有千丝万缕的关系。

所以，我们需要以历史与辨证的观点来反思中国建筑与城市现象，在思考过程中理出一些值得研究的线索。

基于上述感想，最近写成一文，特意奉上，请予指教。

在元

2002/1/12　于山东曲阜

（张祖刚：中国建筑学会前秘书长、《建筑学报》原主编）

美国芝加哥，市政厅前雕塑的光影

附文：喧嚣中的宁静
——2002 空间边缘思考

建筑的哲学和科学始于思考普遍性的问题。

20世纪末叶中国出现了史无前例的建筑规模。在城市宏观建筑设计作业层面为什么没有出现拥有本地域、本国建筑科学体系背景支撑的建筑哲学及其系列代表作?

21 世纪，地球上人类生存空间仍然以国家或地域为基本单元存在，意味着人类以不同文明单元的哲学或科学去实现本体价值——过程的焦点是文化和文化认同所形成的世界性交流、演变以及冲突模式。

如果将一项研究视点置于当今中国空间的边缘观察建筑与城市现象，可以隐约意识到以建筑哲学与科学为主体的建筑文化潜在危机和机会已经出现于国家文明的断层线上。

(1) 建筑文化的“信仰危机”

第二次世界大战后中国建筑状况的标志之一，体现于各地域建筑的“真实性”不断受到扭曲或破坏。

东西南北各城市建筑景观的趋同性在表层文化领域表现为急功近利的商业动机以及建筑文化的“信仰危机”。

如果可以在疯狂争夺建筑与城市“标志性”的喧嚣中以平静的心态思考：“标志性”的建筑与城市文化信仰究竟是什么？

以“现代化”、“国际化”和“再造一个香港”的口号渲染建筑与城市的“标志性”已经显得空洞和贫乏，因为非理性说教的时代正在逐渐远去。

以“现代化”和“国际化”为标志的全球经济一体化并非全球文化一体化。21世纪人类将仍然生活在一个多极和多文化的世界。

21世纪的世界，国家或地域之间的重要区别并不仅仅体现于意识形态、政治体制或经济模式，而主要是文化的区别。构成相互之间“文化的区别”的基点正是我们、你们和他们的文化信仰。

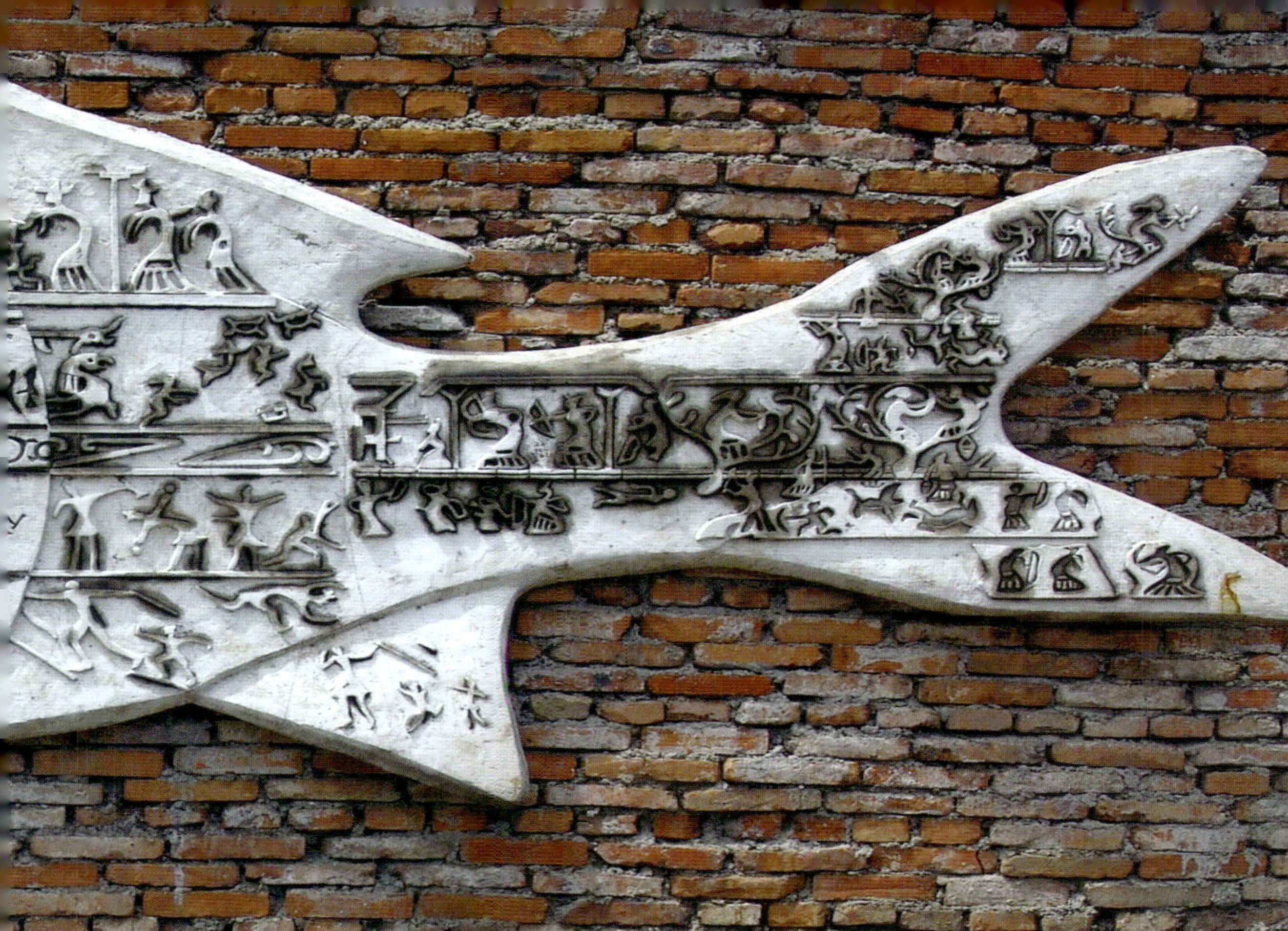

武汉：武昌一偏僻角落的住宅外墙壁画饰面，市民寻求表现地方建筑文化的途径

在国家空间领域，只有在了解我们的建筑与城市哲学，并常常只有在了解我们的建筑与城市文明与谁发生冲突时，才知道我们的建筑文化特征和信仰。

一个国家和社会的建筑行为受到本体文明信仰支配。每个时代的人所营造的生存空间形态首先是文明信仰的产物。

社会对于建筑文化进展目标的信仰是文明构成的基石。历史表明：信仰危机所导致的信念消失将导致本体建筑文化蜕化或停滞。忽必烈创造北京，华盛顿可以创造华盛顿，古比切克能够创造巴西利亚，首先归结于他们对各自国家文明及其首都的文化信仰。

信仰危机的开始状态表现于本国、本地建筑文化价值受到困惑中的置疑。于是，舍本逐末的模仿成为对于这种“置疑”最合适的解释。

21 世纪初中国建筑哲学与科学进展首先需要在国家和地域建筑文化层次上意识到“信仰模糊性危机”：面对社会体制及经济模式转型期建筑市场一系列非理性表象的喧嚣，已经感受到建筑与城市设计的理念及方法在五光十色的“商业炒作”中暴露出的浮躁和粗糙痕迹。

要在世界范围文明冲突过程中形成人们对于本体建筑文明的信仰，而且要使这种信仰在中国的建筑体系中扎根，预计还需要整整一个世纪。

美国纽约：中央公园的艺术生活情境

(2) “后租界与殖民地时代”的幽灵

1500年以前，人类各定居地之间几乎处于隔绝状态。

1500年以后的世界实质上是欧洲扩张和全球霸权的产物。欧洲人以领先的航海技术及“殖民地体系”重新建立世界格局，标志着全球性种族分布以及全球性文明冲突时代的开端。

公元1513年，第一艘葡萄牙旗舰抵达中国广州港（当时称广东）的意义并不仅仅局限于国家与国家之间的贸易，而是中国被迫进入西方“租界与殖民地时代”的起点。

至19世纪中叶，英国为首的殖民者以炮舰向中国推进经济与文化扩张，首先在香港以及沿海通商口岸建立文化与经济上的支配地位。

1842～1943年“条约世纪（Treaty Century）”对于外来文化的开放与接触，导致西方建筑与城市文化品种开始在“租界与殖民地、半殖民地城市”登陆。

费正清（John King Fairbank）认为：“条约世纪是外来因素涉入中国人生活最重要的时期……中国的爱国者迫切要求创造并保有自己的历史，将外国参与成分降至最小，这是可以理解的。”[1]

“条约世纪”的实质为英美强加于中国一系列不平等条约中的治外法权，其中包括任何

美国芝加哥：街角读者，享受城市生活的孤独

西方建筑与城市技术、规范、形制、设计、施工、管理体制进入不受任何中国法律约束。

“条约世纪”开始之际，正值欧洲列强实现全球殖民扩张的高峰期——以帝国统治和跨国股份公司在政治和经济上控制全球，同时还取得了对于各“租界、殖民地、半殖民地城市”在文化上的支配地位。于是，被认为等同于人类文明的西方文化“颠覆”了租界与殖民地所在地的传统文化结构，在相当程度上摧毁了当地居民对于本土文化的自信心和创造力。[2]

“条约世纪”期间，欧美列强在“租界与殖民地、半殖民地城市”体现政治、经济与文化支配地位的公共建筑几乎完全模仿或复制欧洲历史建筑形式。香港“殖民地”和上海“英租界”开发起步正值19世纪中叶英国维多利亚时代，这是英国建筑史上一个将各种历史及古典风格空前复制与混合的时代。于是，这个时期的“大英帝国建筑与城市体系”以“宗主国文化支配地位”传播至世界各地的租界和殖民地，当然，香港、上海、广州、天津、武汉等中国口岸通商城市也不例外。

至20世纪30年代，以香港、上海为代表的中国口岸“租界与殖民地、半殖民地城市”形态已经形成。但是，中环（香港）和外滩（上海）并不代表中国建筑与城市文明的延续，而是殖民统治宗主国的海外扩张和霸权的象征。

美国纽约时代广场的“网吧”，信息时代的城市文明

1922年，爱因斯坦(Albert Einstein)去日本讲学途经上海，他在日记中写道：“这个城市表明欧洲人同中国人的社会地位的差别，这种差别使得近来的革命事件部分地可以理解了。在上海，欧洲人形成一个统治阶级，而中国人则是他们的奴仆。他们好像是受折磨的、鲁钝的、不开化的民族，而同他们国家的伟大文明的过去毫无关系”。[3]

1945年，上海租界时代结束，同时也宣告“租界建筑与城市时代”随之画上历史的句号。1949～1979年的30年间，上海成功地保护了外滩以及原租界具有历史见证价值的街区，几乎所有的新建筑均属于上海建筑师的探索之作，并无模仿或复制当年租界建筑形式的痕迹。然而自20世纪80年代以来，类似当年上海“十里洋场”的所谓“欧陆风格’建筑群却从沿海城市蔓延至全国。

一系列城市当权者沉溺于‘欧陆风格”建筑，更有各种社会媒体关于“欧陆风格’建筑一知半解的喧嚣，导致以房地产市场为基点的建筑体系出现文化断层。

中国人在19～20世纪半封建半殖民地岁月所受到的外来建筑文化影响与冲突程度超过历史上任何朝代。1949～1979年的30年时光不可能消除几代人遗留下来的“洋奴心理”残余；而恰恰原始资本积累阶段的房地产业某些“商业策划”以及“市场卖点”抓住一些崇

美国芝加哥："苹果"电脑展示中心，时代高科技文明的城市窗口

洋残余心理，陆续推出所谓新一代"洋房"。

席卷东西南北的"洋房"现象，可以解释为中国"后租界、殖民地时代"的片段产物。随着21世纪中国本体建筑创作体系逐渐形成，所谓"洋房"的彩云也将飘逝而去。

(3) 建筑与城市文明的冲突

21世纪，国家之间最重要的区别并不是意识形态、政治或经济因素，而是文化特征。各国、各民族都将在寻求文化区别性方面试图回答人类面临的基本问题：我们是谁？

自从人类开始创造各部落及其定居地文化以来，人们以祖先、宗教、语言、历史、价值、习俗、体制和建筑来界定自己。联合国教科文组织关于世界文化的价值定义为"有区别才能存在"。亨利·基辛格（Henry A. Kissinger）认为："21世纪的国际体系……将至少包括六个主要的强大力量——美国、欧洲、中国、日本、俄国，也许还有印度……"[4]上述六个主要的强大力量分别属于五种十分不同的文明。

21世纪，最普遍、最重要和危险的冲突并不是社会阶级之间以及经济集团之间的矛盾，而是属于不同文明体系之间的文化及其信奉各种文化特征群体之间的冲突。[5]

20世纪末叶，中国对外开放导致经济实力开始增长，但与发达国家相比仍然存在一定差距。一时经济基础的薄弱以及文化意识的混沌状态必然导致对外界所谓“先进建筑文化”的盲目崇拜，于是，这个时期中国建筑的主导模式并不明确，还未形成与其他现代建筑与城市文明相抗衡或冲突的体系实力。

预测21世纪20～50年代，随着中国国力的增强以及整体文化素质的提高，代表21世纪中国文明的建筑与城市体系开始形成——那时，中国与其他建筑文明（尤其是欧、美、日建筑文明）的冲突将不可避免。

我们只有在了解我们不是谁，并常常只有在了解我们区别于谁时，才了解我们是谁。

在21世纪初这一段历史区间，各地域建筑与城市状况事实上不仅代表各地域文化特征，而是各种族的政治；全球各地域单元建筑与城市进展归结为各文明体系的政治。

进入21世纪，中国与其他建筑文明的冲突已经开始。文明冲突的极端将体现为政治形态，目标是顽强地寻求和保护本体文化特征——我们可以有选择性地接受欧、美、日的建筑技术硬件，但却没有必要并再不会盲目地模仿和复制他们的表层建筑文化形态。中国的国家政治急需要体现“中华文明”的新时代建筑与城市形态——这正是在世界文化格局中对抗“西方扩

美国纽约：世界贸易中心"9·11事件遗址"，一个时代的城市沉思

张"的一个重要"阵地"，因此，国际社会及国际建筑界非常关注中国建筑与城市的新进展。

哲学家布劳迪尔(Braudel)说：文明是"一个空间、一个'文化领域'"，是"文化特征和现象的一种集合"。[6] 中国的文化体制以及建筑界在整体上如果意识到究竟什么是我们的"空间"，什么是我们的"建筑文化领域"，我们可以集合哪些代表本文明体系的建筑文化特征和现象？那么，在多元建筑文化的冲突过程中就可以逐步建立形成中国建筑与城市文明体系的前提。

[1] John King Fairbank：*China：A New History*，President and Fellows of Harvard College 1992.

[2] Athony D.King：*Urbanism，Colonialism，and The World-economy. Cultural and Spatial Foundations of The World Urban System*，Routledge London and New York 1990.

[3] 爱因斯坦文集·第三卷·商务印书馆，1979.

[4] Henry A. Kissinger.，*Diplomacy*，New York：Simon & Schuster，1994.

[5] Samuel P. Huntington：*The Clash of Civilizations and The Remaking of World Order*，1996.

[6] Braudel，*On History*. P.205. For an extended review of definitions of culture and civilization，especially the German distinction，see A. L.Kroeder and Clyde Kluckhohn，Culture A Critical Review of Concepts and Definitions (Cambridge：Papers of the Peabody Museum of American Archaeology and Ethnology，Harvard University，Vol.6-7，No.1，1952)，passim but esp.pp.15-29.

PARIS

香港：金钟太古广场的空间文化

6. 建筑与城市艺术的公众话题

徐列：

你好。

认识你使我开始接触《南方周末》。

离开国内多年，对这里的报刊情况不熟悉。今天从学友那里了解才知道，你参与主编的《南方周末》原来拥有全国庞大读者群，尤其是知识分子与大学生。

你来信说，《南方周末》将开始以相当篇幅专题讨论建筑与城市艺术方面的话题，我认为这是贵报的明智之举，非常必要。

公共媒体注重建筑与城市艺术讨论的普及程度与一个国家的整体文明程度成正比。建筑与城市艺术是最为广泛的公共艺术，尤其需要民众的广泛参与。

你在来信中所提到的一些基本问题，其实都是建筑与城市艺术最为基本而又需要普及性的常识。但是，恰恰就是因为这些问题是常识，人们不是麻木就是冷漠，甚至在司空见惯的日常生活中变得习以为常，导致社会长期以来对建筑与城市艺术产生许多误区。

在此，就其中一些要点，不妨作出一些说明，这样可以有助于我们就序列要点循序渐进展开讨论。

关于城市艺术。

湖北省十堰市：20年崛起的深山汽车城

我认为城市艺术可以概括为“建筑艺术的历史性叠加与组合”。

任何一座城市起源于人类的想像力与自治力。

城市衰落往往与“想像力与自治力”背道而驰——短视、平庸、夸张与破坏。

我在东京大学的博士学位论文课题涉及研究英国殖民城市设计体系。近四年调查期间，穿梭于亚洲、美洲和欧洲的近百座城市，对所拍摄的近十余万张建筑与城市景观幻灯片进行分析后发现：**城市的气质来自历史与文化的积累，城市的魅力体现于不同时代建筑的有机集合。**

最近，与城市设计研究的相关课题接触到冯骥才和林希两位作家关于城市与建筑的论点，感到文学与城市学结合的边缘文化力度；从一系列见解足以感受到这两位作家的城市文化底蕴以及建筑艺术修养，他们提出的问题对于思考当今中国城市发展的哲学层面具有意味深长的启示。

城市是人类生存的集合空间载体，支撑这个载体的基本原理在相当程度上可以理解为构成人工空间与环境的技术体系；而导向这个载体运行的核心主题则是城市文化。

世界上任何一座城市的文化由世世代代的思想家、伟人的意志与居民的思考方式及生活形态积淀而成。“罗马并非一日建成”——城市进展的一句至理名言凝固了数千年的文化基因、孕育出一条条古老的街巷、一个个深情的院落、一处处如数家珍的名胜。

澳大利亚：悉尼的城市轮廓线

中国拥有世界上最古老的城市，也有世界上最年轻的城市。进入21世纪之际，发现城市空间硬件历史感与现代性的反差暴露出城市基础理论研究的先天不足或遭到相当忽视——这是当前中国城市保护、城市规划、城市设计、城市改建与城市开发所面临的首要课题。

中国是一个城市文明古国，也是一个城市文明被破坏的古国。面对积淀沧桑烟尘的建筑与城市“旧区”或废墟，历史的系列教训使我们为成功的“被保护城区”而庆幸，为轻率的“被破坏街道”而愤慨！拥有文化底蕴及其历史视野的城市决策者与开发者会珍惜每一处具有人文价值的建筑及街区，只有那些急功近利、鼠目寸光的文化白痴才会无视城市的历史见证。

城市告诉我们的昨天，城市见证我们的今天，城市也预示我们的明天。但是，在太多的城市，我们无法了解它的昨天，我们也难以准确把握它的今天——因为，一只只贪婪的“手”无知并无情地割断了“城市与昨天”。

世界上没有无源之水、无本之木，任何一座城市都有自己的来龙去脉。我们从何处来？我们向何处去？只有一块块砖、一片片瓦、一根根柱可以回答一代又一代居民所关心的这个问题。

近年来，四面八方不断传来具有相当历史、人文价值的建筑与街区遭到“破坏”的消息，人们通常以经济、人口、政策以及“落后现状”的一千条理由来为这种“破坏行为”

瑞士洛桑街头：政府关于古建筑保护的永久告示

辩解，多少城市文化资源也正是在这类封闭性的自我“辩解”或自我“谅解”中默默地流失而告别人间。

美国“9·11事件”后，建筑学与城市规划的传统定义几乎发生革命性的转变：“以高层建筑作为城市现代化标志”的观念以及方法普遍受到质疑；追求“以大尺度全新建筑作为衡量城市现代化程度”的模式已经开始萎缩，芸芸众生对于某些冠以“现代建筑”而实为反人性的无秩序空间状态已经感到厌烦和不安；人们依然留恋拥有人性尺度感、回归自然、积累历史情调、具有文化品位的街区——永远割不断的无穷回味和深深的眷恋。

当“高科技”在中国大地一往无前迅猛进展之际，我们的城市却在“低科技”所破坏的环境中徘徊或挣扎。尽管产值和各项具有“显示度”的经济指标节节攀升，但无秩序“开发”所带来的“城市病”却仍然在传染、蔓延。

城市的“变”并非只发生于拆旧建新的过程中，而首先应该以尊重城市历史、文化的科学方法确保城市文脉的连续性；在拥有集体记忆的“旧城区”寻求城市和谐发展的轨迹，或许能让我们的城市保持各自的文化特征。

或许写这些内容会让你感到是否学术性太强，其实不然，建筑与城市艺术的学术性解释都可以在普及性的过程得到通融，因为建筑与城市艺术渗透到每个人的生存空间，延伸

到日常生活的普遍细节。

谢谢你的支持。

在元

2002/8/27　于广州

（徐列：《南方周末》副总编）

海南省海口市：第五立面的城市地方文化特色

保存地方特色的城市民居：上海（上）、成都（下）

城市民居：广州（上）、杭州（下）

《非建筑》设计手稿——黄种人博物馆 010933 号作品

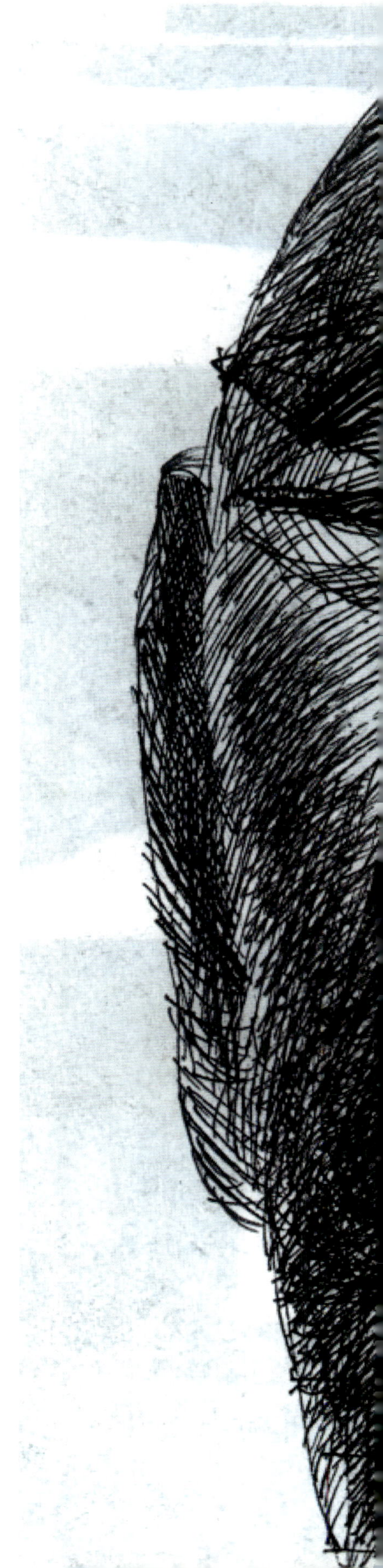

7. 关于《非建筑》的评论

《非建筑》设计手稿——21 世纪城市空间 067843 号作品

刘旻：

你好。

谢谢你寄来关于《非建筑》的评论文章。

对于一个习惯于顺向思维的民族而言，长年累月生活于“甲乙丙丁”、“春夏秋冬”以及“一二三四”的固定程序之中，世世代代积累成固有的思想及通常行为模式。

熟语：“反其道而行之”、“大逆不道”、“离经叛道”，自古以来给逆向思维以及悖论持有者以非理性、非人性之评价。因此，回顾古代中国建筑与城市学术沿革，一切皆为顺理成章之举。

接触到勒·柯布西耶的建筑思想：“常人墙上开窗，为什么窗上不可以有墙呢？！”当玻璃幕墙开始出现的时候，几千年来窗与墙的界限悄悄地消逝了。难道说这些事实没有受到柯布西耶相关逆向思维的启发与影响吗

在当今中国建筑界，传统的影响、制约乃至禁锢仍然无形中束缚我们的观念。任何技术引进以及普及仅仅需要短暂的时间，而观念的进步或更新则需要几代人，甚至几百年的时期。

当中国建筑体系开始出现新的契机以及思想苗头，无论是催化剂还是推进剂都需要具有转折性

冲击力度的另类思考方式。确实，沉重的传统压力、强大的传统惯性、顽固的传统惰性无不每时每刻将民族的独立思考约束于“中庸之道”的怪圈。或许人们毫无察觉，甚至在混沌的“怪圈”中委曲求全地度过建筑人生。

建筑的进步首先取决于建筑思想的解放。

中国建筑界需要求索拥有本体特色的建筑思想。

求索过程意味着无穷无尽的设想、联想、奇想与臆想。

求索过程并非顺理成章，而是充满逆水行舟的思考进取。

基于这种心态与意识，我将这些年来的设计构思草图以及设计心得笔记予以整理，由天津科学技术出版社出版成一部专著——《非建筑》。

只能说，《非建筑》是关于我的建筑思想的记录。

也只能说，《非建筑》表达了我在国外留学期间关于建筑的一些真实的建筑思索。当然，无论这种思索多么原始，多么粗糙，多么偏离甚至显得多么荒唐，但正是因为它真实地记录了一段思考过程的彷徨与困惑，所以才有真实的力度。

世界上关于建筑思想求索之路决不止一条或几条，也不仅仅限于西方建筑理论家的著作，我们

《非建筑》设计手稿——21世纪城市空间067877号作品

同样可以选择并确立自己的思考与表达方式。

《非建筑》集中表达了我的一种思想体系，这是一种尚处于萌芽状态的建筑思想。

无疑相当“不成熟”，也许会搅乱人们的一些习惯性与正常性思维，甚至会引起人们的反感。不过，这一切都无关紧要。因为我相信一句话：真实才有力量。

《非建筑》没有掩饰，不拘泥于[illegible]，不畏惧“成熟”，不迷信“经典”，一切都是真实地记录与表达。

——这就是《非建筑》的自白。

希望我们之间能有进一步交流。

在元

2001/5/17　于广州二沙岛

（刘旻：香港《明报》记者）

1996 ZY. ZHANG

《非建筑》设计手稿

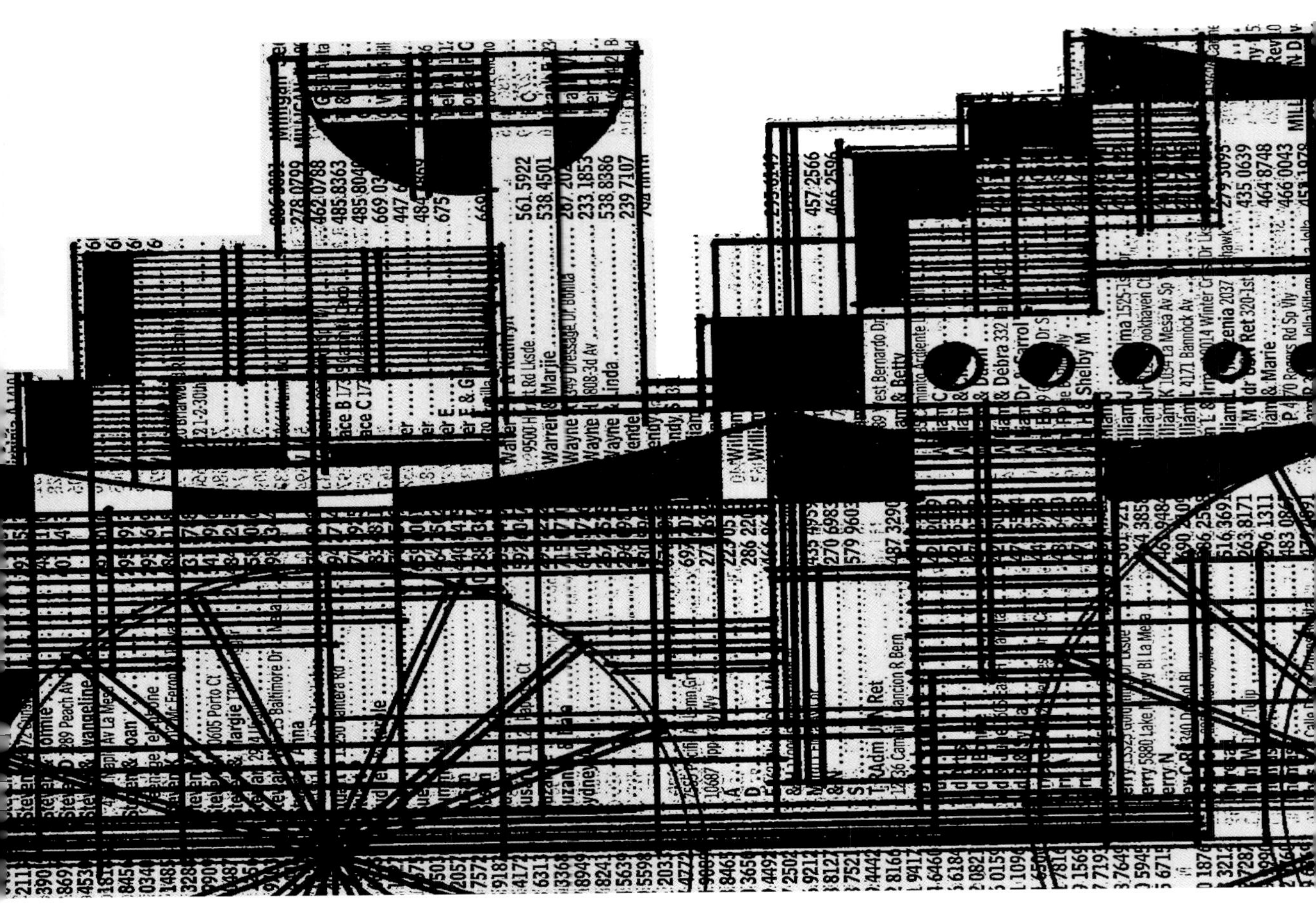

附文：站在《非建筑》的边缘

刘旻

何谓“似是而非”？什么是‘边缘建筑”？建筑如何与艺术相结合？你可以在《非建筑》这本书里细心品味。作者以其独特的思维触角与灵感，将人文、历史、艺术、哲学、宇宙、建筑以及现代高科技融为一体，天马行空，纵横驰骋；展开空间想像力的翅膀，但又立足于人类的传统和现代建筑文明，系统地解析未来人类建筑构思的新线索。

艺术的空间、空间的艺术包罗万象，建筑则以各种技术手段将艺术形态立体化、现实化，并将其融入人类生活的方方面面。可是，当我们平时被钢筋混凝土森林重重包围时，却无暇欣赏，甚至忽略其演变的过程。

《非建筑》则通过十四个章节的演绎，从人类建筑文明的混沌图景到文字时空的起源，从开发自然到回归自然，再从数码时代到移居外层空间规划……作者将不同特征、不同风格

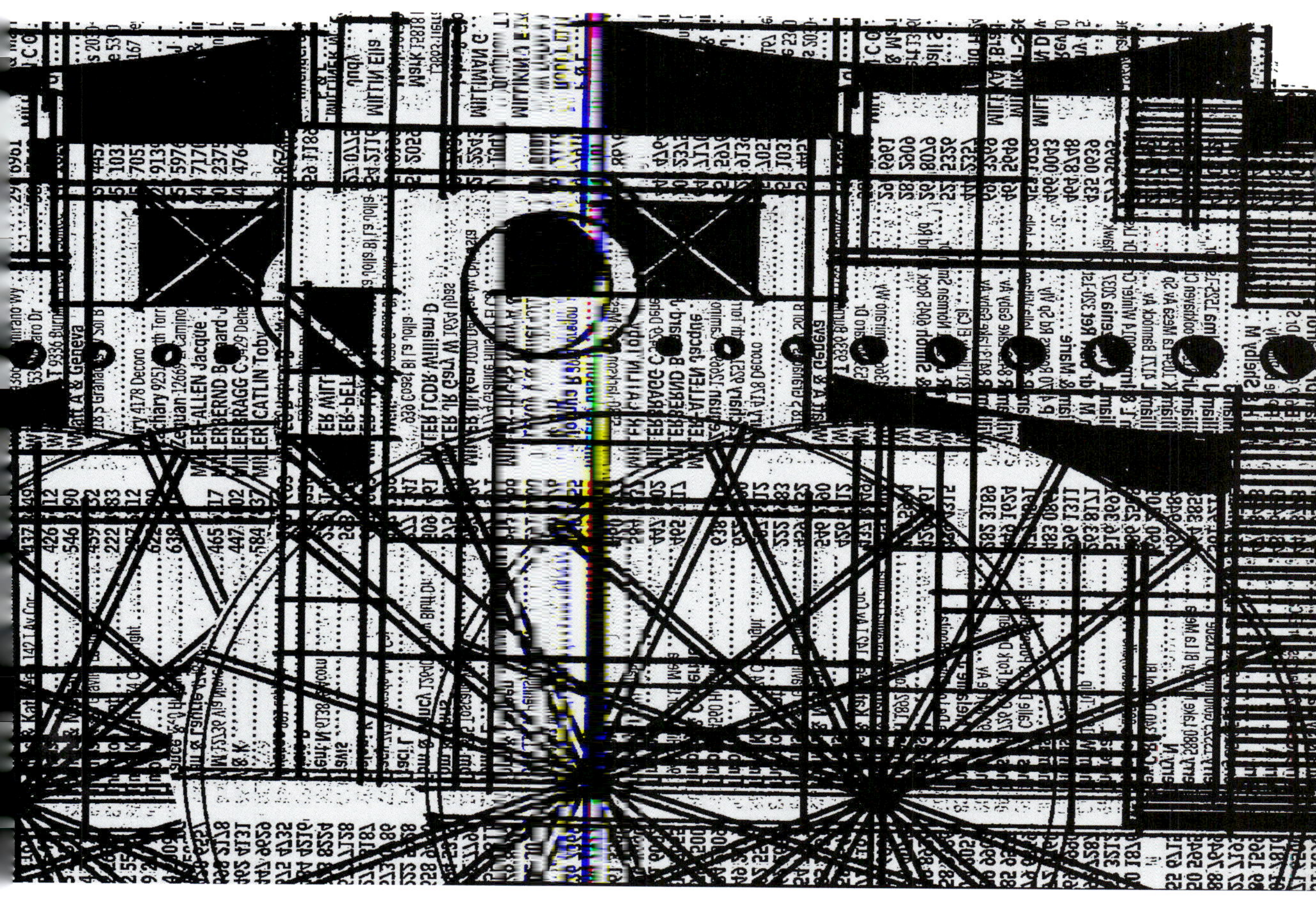

《非建筑》设计手稿——21 世纪城市空间 070396 号作品

的"非建筑"凝聚成一部充满未来憧憬的交响乐。当我首次阅读这部著作，便为书中闪烁全息时空思想火花的论点及独具一格的序列画面所深深地吸引。

作者只在每一章节前面作简练提要性论述，篇幅不大，但压缩信息容量及其思绪空间的尺度却不可估量。除此之外，均以空间构成图形及设计构思草图作序列表现，正是这种独特的表达及论著形式凝聚成此书的一种独立风格——系统图形演绎。可是，作者并没有对任何一幅图形作任何解释和说明，很奇怪，当我阅读此书时，却从每一幅画面中感受到作者的心态、情绪、见解以及超越画面之外的联想和意境。由此，我已经明白作者的原意：难道建筑学的著作只限于文字论述吗？图形语言完全可以成为建筑与"非建筑"之间的桥梁。

正如作者在书中写道："邪门歪道，建筑的革命；黑白颠倒，非建筑的基因"。这恰好形成了本书的另一大特色：序列画面以黑白为主基调，强调"非建筑"空间与形态明确而又模糊的边界。"黑"与"白"蕴涵了"非建筑"无穷无尽的线条及色调，我反而觉得由视觉所产生的想像力比那些令人眼花缭乱的五颜六色更为丰富！

作者认为："非建筑体系"是"建筑学宇宙"的黑洞；"非建筑"延伸建筑之梦。这些见解使与我同样站在建筑学边缘地带的"外行"产生关注性的兴趣和困惑："非建筑"

《非建筑》设计手稿——洞庭湖边桥镇01208号作品

将会给21世纪的人类生存空间带来哪些影响？对此，我已经在《非建筑》一书中找到了一些线索和答案，相信其他读者也将会同样如此。

人类生存与发展的基点在于发现与超越，而“变”正是发现与超越的基本特征。读者可以从《非建筑》的每一篇章感受到“变”的节奏和基调，而且“变”的内涵及启示相当深刻：时而感到回归自然的亲切，又仿佛顿时漫游太空移居新城；顷刻间，我们又回到数字密码的绿色城堡。

或许在你浏览此书时亦会有似曾相识的感觉，或许这些“非建筑元素”曾在你的梦里出现！一座座模糊不清、纠缠不清的海市蜃楼包围了充满困惑的心灵空间，头绪纷繁、此起彼伏，一切似曾相识，但却总是捉摸不定，或许这就是一个“捉摸不定的时代”。

不错，人类社会发展到21世纪本已无法分割，编织生存空间的千丝万缕参差不齐，这正是当今时代变幻莫测的风格。建筑为人类生存而构筑，“非建筑”则是因为人类社会的急剧演变而兴起。21世纪的建筑将不再局限于外界环境的保护壳，它的功能更趋多元化，它的边界也更趋模糊。

《非建筑》对我们的启示绝不仅限于建筑的层面，它以图像叙事的方式，启发层出不穷的思

考，开拓无边无际的想像空间。你可以感到人类的伟大，又可以感到人类的渺小。人类的伟大在于不断推动社会的发展，而人类的渺小则在于尚未突破空间思维的传统模式和边界。如果人类终有一天可以打破沿袭的空间框架，相信将会出现人类文化史上又一次深刻的建筑革命，而且将比工业革命、战争甚至原子弹爆炸后产生的变革更加彻底，更加不可思议。

想像力的超级能量永远不可低估，若干年后，回过头来翻阅《非建筑》这部著作，历史的沉淀将是由“非建筑”所想像而进化成的人类新一代建筑。

以开始接触《非建筑》所激发的思绪表达了我对人类新建筑的憧憬，我相信会有更多的读者比我有更新的见解。如果作者将大家的[illegible][illegible][illegible]于未来对这部著作的进一步完善，《非建筑》在整个宇宙时空将会释放更强的地球人类空间文化能量。

zhang zai man 1990.12.10 TOKYO

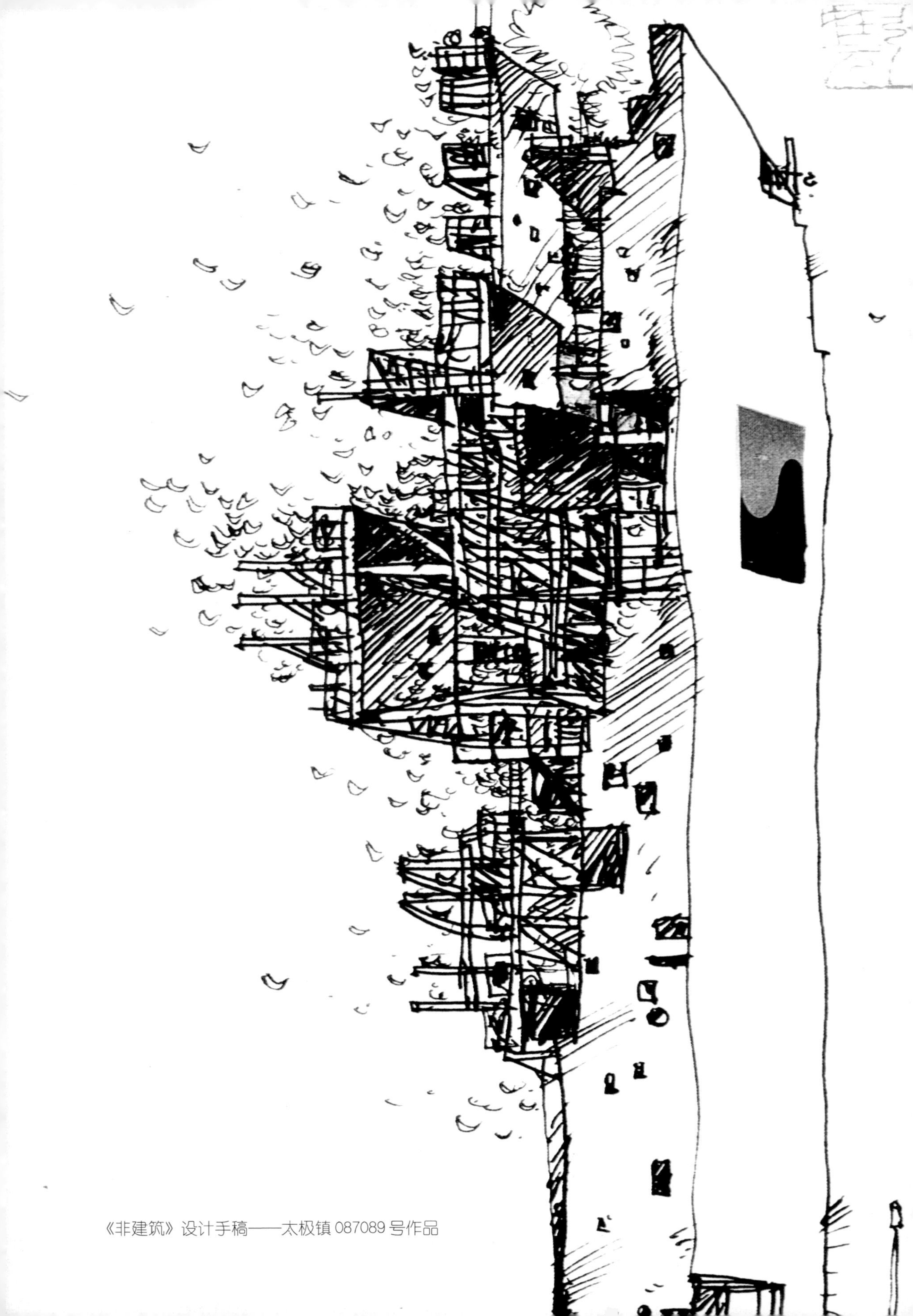

《非建筑》设计手稿——太极镇 087089 号作品

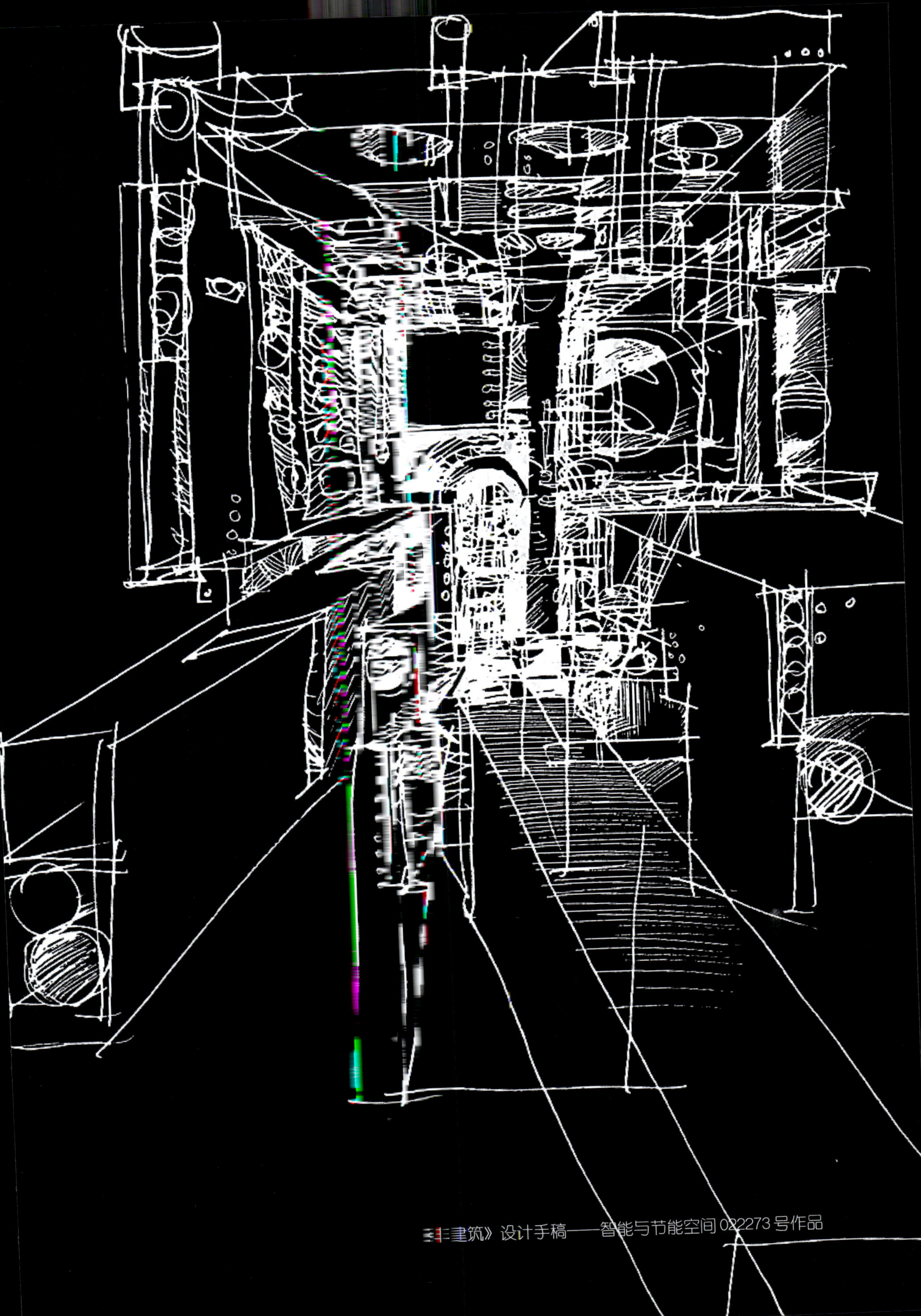

建筑》设计手稿——智能与节能空间 022273 号作品

8. 重庆琵琶山观景阁设计

曰田：

你好。

眼看“地方性建筑”被逼得无路可走!

忍无可忍，路见不平、拔刀相助。

“刀”从何处而来？为何拔“刀”？

“刀”乃天赐灵感，而灵感则是自然之力。

天地之间是我们生存的空间与环境。

由微薄回天之力回归天地之间的“地方性自然”。

区别于放之四海而皆准的国际化模式，寻求回归“地方性自然”的“地方性建筑”。

——这是憧憬，这是寄托，这是梦境。

建筑师的所有创作均来自憧憬、寄托与梦境。

真正的建筑艺术无不在憧憬、寄托与梦境中真实地诞生。

最近，我作出了重庆与神农架的两项设计方案，这是完全属于“地方性建筑”的探索，活生生的中国民间特色，一厢情愿的地方风格追求。

无论这两项设计方案将来能否实现，但只求表达对于“地方性建筑艺术”的苦恋。

重庆市渝中区城市景观

将设计笔记予以整理，你审阅后请给予高见。因为我一向由衷地钦佩你的鉴赏力与激励方式。

(1) 拥抱森林

森林在哪里？
不可割断的绿洲之恋，
难以忘怀的自然之情。
万木吐绿滋润了我们的生命之树，
古木青藤编织成永恒的绿茵梦境。
春风荡漾在高高的树梢，
阳光洒满晨雾缭绕的林间；
常闻鹿鸣鸟语千曲讴歌，
草木芳香沁透人生沉醉的心田……，
——张在元：寻找森林

森林是原始人类进化的摇篮。

史前人类对于生存环境最初的记忆是森林。

人类社会的发展及人类空间扩张过程记载了一部“征服自然史”，同时也伴随着一部“森林毁灭史”。

地球上第17次“冰河时代”（大约二万年前开始到12000年前）结束后，人类开始走出森林，从拓荒发明农业即开始蚕食森林。

从村落到集镇，从城邦到帝国，人类搜寻土地资源的原始思路及基本方式首先就是砍伐森林。

新石器时代(12000年前)，在山西省与渤海之间的华北地区由于森林滥伐而发生土壤冲蚀及水土流失，黄河浊浪席卷淤泥积高河床，导致洪水泛滥冲决堤岸淹没大地，沧桑变迁所形成的冲积平原改变了表面地形，也给早期居住于这片地域的世世代代中国人带来连绵灾荒及贫穷。

20世纪世界城市及环境开发的规模与强度显示了人类无与伦比的征服自然力，但同时也暴露出人类吞噬自然的贪婪及愚昧。自然森林在过度的“城市开发”(尤其是新城市)版图上悄悄地消失了，取而代之的“人工构筑物森林”却带来一系列表面或潜在的各种环境公害。

20世纪末叶，在中国城市居民心目中，“自然森林”是多么遥远而又陌生的梦幻绿色

重庆琵琶山观景阁设计构思意象——树上巢居集合体－1

神农架原始森林区茅庐旅舍

重庆琵琶山观景阁夜景意象（重庆市设计院提供）

王国。

回归自然，拥抱森林，成为面临或正在克服环境危机的当代“地球村”居民的共同心愿。

(2) 神农架——密林木构空间

华中绿洲——湖北省神农架。

夕阳的余辉洒向神农架原始森林，海拔3100m的紫褐色群峰巍然耸峙。林海深处，一线玫瑰色的炊烟在淡淡的暮霭中冉冉上升——这是我于1978年9月下旬第一次进入神农架林区的景色记忆。

神农架原始森林“野人世界”一直为全世界密切关注。“野人之谜”关系到人类的起源及与此相关众多边缘学科体系的原始结构，因此，一批批探险者、学者及观光客络经不绝奔向神农架。

1998年12月，我再次到达神农架。

有关方面要求提出两项设计方案：在神农架密林深处一特定地带，为从事神农架“野人世界”的探险及研究者建立一处可供150人使用的生活及工作空间，命名为“神农架西部3号基

神农架木构空间设计构思

地”。项目开发要求在指定基地不能砍伐任何树木，准木结构并具有林间识别性。

走进森林，顿时恢复人类对自然之恋的原始本性归属感，自然生机激发出生命基因结构系统中最原始的活跃元素。我感到此项设计的主旨不仅仅在于体现森林文化特征的空间构成技术，而是首先在基本构思及设计方法体系中倾注对森林之爱的热情。

在一片原始森林纯粹自然环境的无人之空间，建筑外部环境及形态构成所遵循的构思基点与方法论为“非城市设计过程”——地道、纯粹、质朴的“神农架地方建筑”；设计的立足点是“神农架”＋“森林”；所追求的建筑意境是“非城市现象”：减去街道，放弃立交，让木构建筑拥抱森林。这种在地方自然层次延伸的构思并非狭隘的地方人文主义建筑立场，其实，如此见解恰恰是本项设计所遵循的森林建筑哲学。

在中国南方一些城市目睹一片片草木枯萎的家园，我多么想移植一圈森林包围这座城市；穿过街区的一条条小河在黑色淤泥中呻吟，我想如果将森林连接街区，河水即可清澈透明。人类经历了20世纪的过度环境开发过程并从一系列环境报复的深刻危机中获得教训，21世纪人类生存空间及环境的开发再也不能以牺牲自然为代价，需要更新空间思路，重新拓展建筑学的新领域：

- 让建筑拥抱森林——“森林建筑哲学”认为将建筑与森林融为一体的城市绿洲时代已经

重庆琵琶山观景阁设计构思城市景观意向

来临。

● 让城市拥抱森林——城市与森林的边界即将消失，城市在森林里，森林在城市中。

拥抱森林并非现代人一时冲动的幻想，事实上是自人类建立最初定居地以来连续数十万年之梦。“神农架西部3号基地”不仅仅在于体现一种森林建筑的设计构思，而更深刻的内涵是给拓展21世纪人类空间的思路及方法带来启示。

神农架地方传统延续建筑体系的主要特征之一是木构民居依山就势层层叠叠布局，树木与溪流穿插其间，取之于自然的建筑材料与山石林木质地交融。“神农架西部3号基地”建筑群形态基本构成意匠取材于湖北、四川、陕西、河南四省交界地区民居的组合格局及木构细部样式。中心庭院围绕所保留树木呈非规则矩形，庭院内侧均为连廊，自然草木环境与中庭形成一处密林境界的场所。主体建筑为两层，局部底层架空，贯通森林植被及景观。

(3) 琵琶山——参天大树观景阁

1980年以来，中国进入一个“标志性城市与城市性标志时代”——几乎所有城市都渴望一举成为中国及世界城市之林的“标志性城市”，多项新建筑也号称为各自所在城市当之无愧的“城市性标志”。

高层建筑于20世纪初诞生以来，以其高度、形态及所属业主的背景而成为实现“标志性城市与城市性标志”的热门途径。长期以来，人们往往习惯于认为作为“城市标志”的建筑通常与建筑的高度成正比。从20世纪80年代开始，此起彼伏的中国城市开发热潮的旋涡一直是作为“城市标志性建筑”的“争夺战”。1999年3月，在中国新一代直辖市重庆，一次“城市标志性建筑”的“设计争夺战”又拉开帷幕。

琵琶山海拔344.01m，为山城重庆中心城区的一处显要景点。重庆市决定在中心城区琵琶山顶建观景楼，目标之一是使这座观景楼成为“重庆市21世纪标志性建筑之一”。设计要求拟建的琵琶山顶观景楼总高度不超过100m，主要功能为供人们登高眺望山城景色。

通常思路是建“塔”构筑高层观景空间，从古代木塔、砖塔至现代塔的多种风格，意匠及技术的高度结合孕育着具有转折意义的构思——非常思路是突破传统“塔”的局限，在城市文脉及自然环境的边缘地带寻找成为新一代城市标志的载体。

我与重庆市设计院合作者的构思脱开习惯性建“塔”思路——回到琵琶山，拥抱琵琶山森林：返璞归真、以“树”代“塔”。

进入21世纪生态建筑与生态城市之际，林木葱郁的琵琶山顶不再建“塔”，而应栽“树”——在人工参天大树上架设高层观景空间，将使人们进入具有崭新特别境界的“空中森林”观

重庆琵琶山观景阁设计构思意象——树上巢居集合体一2

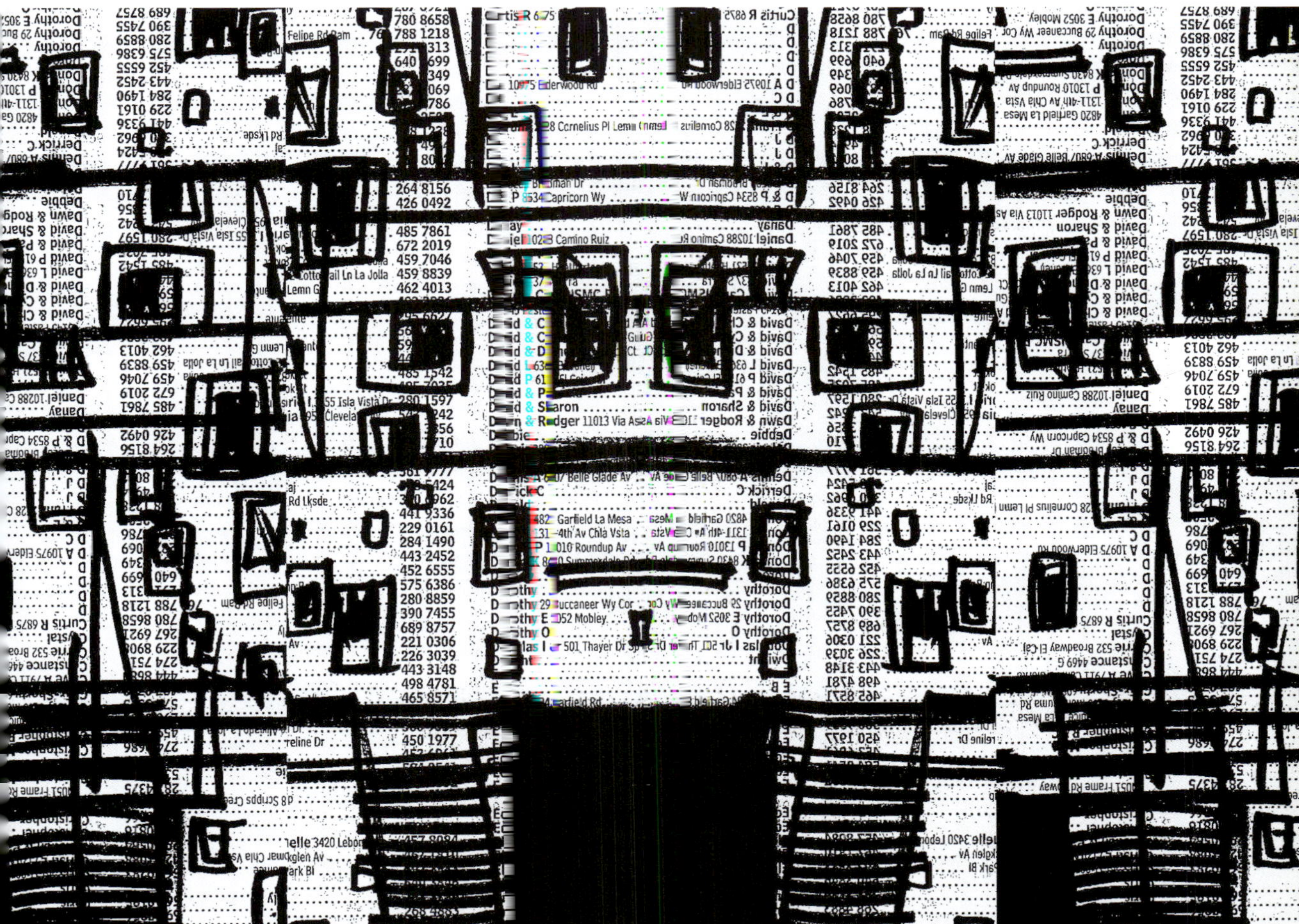

景。

琵琶山似乎已成为重庆市中心区被“钢筋混凝土森林”包围的一座绿色“孤岛”。因此，拟建观景楼的意义并非仅仅局限于山顶观景的功能，也不是一项仅限于琵琶山本体的景观建筑，而是使山城重庆保持完整的“山 + 城”城市轮廓线，以及在此“山 + 城”城市轮廓线上体现“山顶参天大树”的景点特征。

总体布局为三棵“参天大树（99m、89m、79m）”直接插在山顶草地上，出入口公共空间为覆土建筑；“大树”树干为垂直交通筒体，树枝组构成网架支撑空中观景阁。未来人们在观景阁不仅可以获得空中观赏山城景色的视觉感受，而且可以体验“空中森林”及“树上”巢居空间的自然意境。

从神农架到琵琶山，从地面自然森林到“空中人工森林”，与其说是生态空间设计构思的系列探索，不如说是我们正在走出“钢筋混凝土森林”的局限而开始以人类自然的情感拥抱自然森林——这将是21世纪人类空间构成走向的主流。

在元
1998/12/3　于重庆
（田田：旅美中国建筑师）

重庆琵琶山观景阁设计构思意象——树上巢居集合体－3

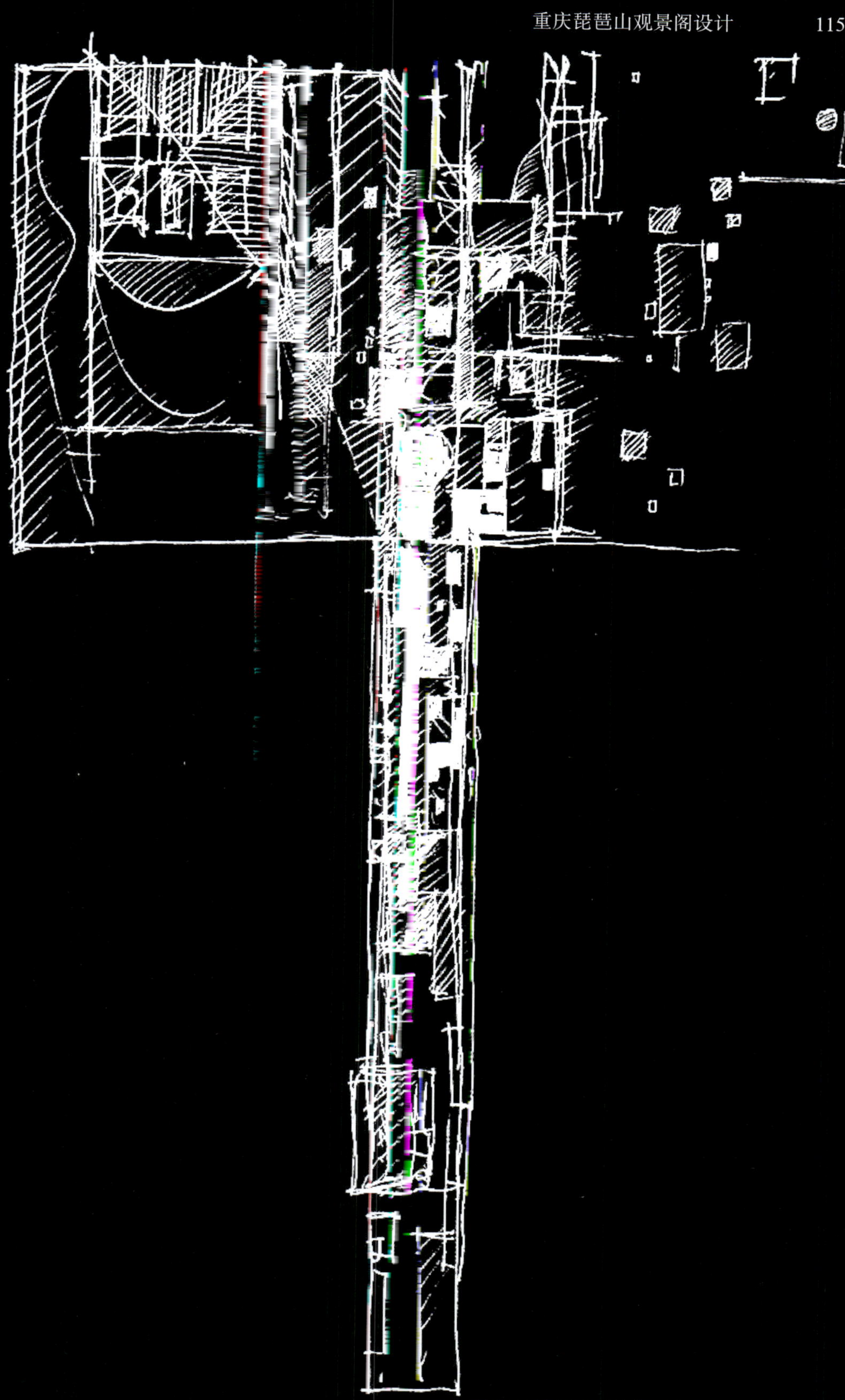

重庆琵琶山观景阁设计构思意象——树状城市

Guggenheim Bilb
MIGUE

西班牙毕尔巴鄂：古根海姆美术馆（设计：美国建筑师F·盖里）

9.在同一地平线上

西班牙毕尔巴鄂的城市轮廓线（2005）：古根海姆美术馆与自然山脉并列彼此呼应

阿尔法偌·法勒拉：

你好。

受我的影响，你对中国建筑与城市状况既关注又热心。

你对建筑文化的一些见解，常常给我一些意想不到的启示。作为中国人思考中国建筑与城市的问题或许会不由自主地受到局限；如果接触到一些跨国界跨文化的思想火花，顿时就会在空间思维链上出现一系列连锁反应。我们之间这些年来的交流就是例证。

将我们最近在东京的一次对话整理成文，不过主要内容已经译成中文。我写了一份英文提要，现传给你。

这篇对话将由中国清华大学《世界建筑》杂志发表。

请记住，这是我们的声音：在同一地平线上。

在元

1998/2/14　于香港

（阿尔法偌·法勒拉 Alvaro Varela：西班牙马德里大学建筑学系副教授）

Excelsis
Hosanna

巴塞罗那：圣家族教堂（设计：西班牙高迪（1852～1926））：由四组塔楼，高度超过107m，至今一直在施工

附文："21世纪中国建筑体系"的分析与展望

提要：中国与西班牙一同于1976年开始进入国家建筑文化对外开放时期。然而，两国创造新时期新建筑文化的思路及方法却各有千秋。"对话"为此展开了耐人寻味的思索与探讨，其中的一系列学术见解有助于开阔我们观察、比较亚欧大陆建筑视野。张在元与Alvaro Varela以各自的背景展开了对"21世纪中国建筑体系"的分析与展望，从不同的角度提出了具有启示性的论点(清华大学《世界建筑》杂志评论)。

Abstract: China and Spain have entered the age of opening the national architectural cultures since 1976. However, they have different advantages in their thoughts and methods to create new architectural cultures in the new ages. "Dialogue" has launched the interesting thoughts and exploration. One of the series of academic opinion is helpful for a broader field of vision and comparison of European and Asian architecture. Dr. Zhang Zaiyuan and Dr. Alvaro Varela have analyzed and forecasted the Chinese Architectural System in the 21st Century according to their individiual backgrounds, and advanced the thesis of revelations in different viewpoints.

黄昏时分远眺圣家族教堂，梦幻般的巴塞罗那城市标志

关键词：新艺术运动，文化背景，文化价值观，文化张力
Key word: Art Nouveau , Cultural Background , Cultural Value , Cultural force

Varela：西班牙！

张：一个如梦似幻、神秘莫测、远在天边的国度。

Varela:西班牙！啊——我亲爱的西班牙！

张：唐璜（Don Juan）、堂·吉珂德（Don Quixote）、卡门（Carmen）、克里斯多夫·哥伦布（Christopher Columbus）、毕加索（Picasso）。

(1)

张：以前，我总觉得西班牙不属于欧洲。

Varela：是的。无论是西班牙风情，还是建筑风格的影响力都来自欧洲以外的地区。

张：在欧洲文明史上，数百年来的孤寂造就了西班牙隔绝于欧洲的独特文化。直到20世纪70年代末期，一个举世触目的“新西班牙”诞生，从此揭开南欧建筑文化的新纪元。

西班牙马德里中心城区的街道，将建筑风格、外墙肌理与基调、路面铺砖及质感予以保存

Varela：西班牙对外开放导致新建筑文化起步始于1976年。当时，被称谓欧洲最后一个法西斯政权的佛朗哥（General Francisco Franco）统治时代结束，胡安·卡洛斯王子（Prince Juan Carlos）加冕为西班牙国王。于是，西班牙重返欧洲，重返世界，第二次新建筑运动从此开始。

张：1976年，中国的“文化大革命”结束，改革开放开始，新建筑文化起步。

Varela：看来，20世纪后期西班牙与中国的新建筑运动是在同一年展开。

张：在世界范围，这是东西方具有不同文化背景的两个国家在接受20世纪后期新建筑运动时间上的巧合。从东西方建筑文化交流及演变方式比较的基点评析，中国和西班牙的20世纪后期新建筑进展在世界建筑史上具有独特的意义。尽管我们比德国、荷兰、法国、美国和日本晚了一段时间，但我们仍然可以走出自己的路。

Varela：耐人寻味的是尽管我们在同一年开始进入20世纪后期新建筑的探索过程，可是我们的思路、态度和方法并不相同。

张：这首先取决于两个国家不同的文化背景、社会体制、经济基础和国民素质。

Varela：我感到这里面的主要问题之一在于两国所通常持有的“本体建筑文化意识”。西班牙建筑界的信条是探索新建筑并不排斥“本体建筑文化”，在尊重和保护“本体建筑文化”

巴塞罗那：现代建筑成为传统型街道对景

的前提下推出具有时代感的新建筑。

张：自20世纪70年代后期改革开放以来，中国全面开发城镇新建设的范围及规模远远大于西班牙，所谓国家“本体建筑文化”所受到的以房地产开发为载体的现代建筑的冲击强度也不同于西班牙。此外，中国建筑界对于“本体建筑文化”的传统及民族形式的见解一直处于非常敏感而又困惑的辩论过程。

Varela：在西班牙建筑界，不存在“民族形式”这一设计概念，从政府到民间的建筑师都十分注重地方文化特色。西班牙50个省分布于4个气候地带，以首都马德里为核心的中央高地（meseta），具有伊比利亚（Iberia）混合文化背景，崇山峻岭中保存完好的中世纪风格的城镇孤零零地沐浴着灿烂的阳光，南部的安达卢西亚（Andalusia）终年阳光普照，那摩尔式（Moorish）建筑镶嵌在漫长的地平线上，濒临地中海东南沿岸地带（Levant）气候温和、土地肥沃，位于黄金海岸（Costa Dorada）和澎湃海岸（Costa Brava）之间的巴塞罗那（Barcelona）成为连接西班牙与西欧的桥梁；北部地形多变，人文荟萃，罗马式建筑铭刻着昔日帝国的年轮。

张：我曾经投入相当时间研究安东尼奥·高迪·柯内特（Antoni Gaudi I Cornet）及

从巴塞罗那韦尔港眺望中心老城区，对景标志为圣家族教堂

高迪设计的米拉公寓位于巴塞罗那市中心区，海浪形外立面构思凝聚当地海洋文化特征

其作品。对于高迪的创作而言，西班牙的传统在哪里？西班牙的民族形式又在哪里？高迪对于那些困惑似乎并不困惑，他追求的是具有独创性的新艺术（Modernismo）。高迪设计的塞维罗教堂的地下圣堂（Church cf Santa Colomade Cervello）尤其令我倾倒，那独创的形态以及其绝妙的结构体系，使我感到人类建筑艺术多么伟大！目前中国的新建筑运动非常需要像高迪那样的建筑师开创21世纪中国建筑先河。

Varela：世界建筑史家称20世纪人类建筑新艺术起源于西班牙、法国和比利时，而当时西班牙新艺术的代表人物就是高迪，这位建筑天才在南欧，在一个阳光灿烂和热血奔放的国度诞生，他是我们西班牙永恒的自豪。

张：20世纪80年代以后西班牙出现的新建筑形态已不同于高迪时代。我特别喜爱拉斐尔·莫内奥(Jose Rafael Moneo)设计，于1985年建成的梅里达(Merida)罗马艺术考古博物馆(Museum of Roman Art.Archareological Museum)。

Varela：梅里达（Merida）建于公元前25年，其后成为罗马帝国殖民地鲁西塔尼亚（Lusitania）的都城，当年这座富庶之都曾经是罗马帝国高级军官退休之后的养老社区。因此，梅里达留下一系列罗马帝国时代的古迹，成为世代考古学家朝拜的圣地。拉菲尔·莫勒奥

米拉公寓室内光线微妙，所有房间没有直角

米拉公寓结构模型

上海虹桥西班牙风格社区之窗（建于20世纪30年代）-1

的这项作品实际上就是一座罗马帝国时代的考古博物馆。

张：在拉斐尔·莫内奥于哈佛大学建筑学院执教期间，我曾与他多次通信，向他请教一些设计方法方面的问题。他的一段话使我一直记忆犹新：对于时间与地点的把握和判断，成为设计的前提因素，构思的形成过程始终是个性特征运行的轨道。拉斐尔·莫内奥将这座艺术博物馆的平面在一座罗马帝国时代建筑废墟遗址略作移位旋转，不仅使这座博物馆的平面更具历史性特征，而且这种时空交叉的手法生动地体现出地方历史及传统的形成过程。

Varela：更令人惊讶的是这座建筑所使用的材料，当地烧制的砖是主体。

张：哈佛大学建筑学院出来的建筑师常常醉心于以砖为主体的"哈佛红"，后来，我仔细地研究了梅里达罗马艺术考古博物馆的砖石结构，发现拉斐尔·莫内奥的构思与"哈佛红"并没多大关联，设计基点是梅里达风土文化环境的熏陶。

Varela：通常，西班牙建筑师作设计时对于材料的把握首先考虑到所在地方的风土和材料的质感。

张：这一点对于中国设计师很有启示，在一个地方建筑材料丰富多彩的广阔国度，我们需要回头思考，如何运用当地的材料表现当地建筑的精神。

上海虹桥西班牙风格社区之窗（建于20世纪30年代）－2

(2)

Varela：我是先去台湾，其次去香港，然后才到中国大陆。

张：在同样的中国文化圈内，你的感受如何？

Varela：其实，台湾、香港与中国大陆的文化价值观及文化形态相当不同。

张：在同样的中国文化圈内有两座分水岭——社会制度（社会主义和资本主义）以及20世纪中叶的“文化大革命”。

Varela：我曾经想到过这么一点，但是理由不充分，因为我对中国社会体制和“文化大革命”不太了解。

张：21世纪，中国将首先进入“一国两制的建筑时代”。

Varela：世界建筑史上，许多伟大的建筑时代由政治及社会制度所孕育。我预感到中国的“一国两制的建筑时代”将推出具有国际影响的建筑和建筑师。

张：“一国两制”作为中国建筑师的一种文化杠杆，将可以在多地域文化支点支撑起具有更加丰富空间文化层次的“21世纪中国建筑体系”。

山东威海滨海村落，新民居仍然渗透胶东地方生活风情

Varela：我觉得你所定义的"21世纪中国建筑体系"将改变国际建筑界对于中国建筑的习惯性见解及评价。我预感到"21世纪中国建筑体系"对于未来世界建筑将产生巨大而深远的"文化张力"。

张：不过，在目前正经历的"21世纪中国建筑体系"形成的酝酿阶段，尤其在中国大陆，建筑圈内的"文化冲突"非常明显。

Varela：我先后在台湾、香港和中国大陆接触到几位建筑师及其作品。作为一位西方建筑学者的见解，首先我很难理解台湾建筑师在大陆的设计表现，因为在那种特定的"台湾商业流行主义"的笼罩下，在台湾所到之处的杂乱城市环境中很难感到有准确清晰的"建筑作品"存在！也就是说台湾建筑师在台湾的设计表现对于隔绝多年的中国大陆建筑界缺乏令人信服的文化说服力，至少我现在还不能确信台湾建筑师带到中国大陆的建筑是"作品"还是代表某些商业利益的"环境或视觉公害转嫁"。

张：中国在实现建筑与城市现代化过程中所面临的障碍和陷阱，被一些五光十色的急功近利"开发"而包装，"开发"的利润并没有显示出这个时代的建筑文化成就；仅从无数单体建筑的形态及外装修来看，中国建筑与城市的现代化正在迅速追赶世界先进水平，然而，

内蒙古自治区武川县农村民居院落，地方生土景观特色完全不同于中国南方

整体中国建筑文化的进步却是如此缓慢和暧昧。

Varela：我曾经问过一位台湾建筑师林先生：在中国大陆可以设计出好作品吗？他说，我们去大陆设计主要赚大陆人的钱，他们现在还不需要什么“作品”，只需要我们老板的投资。

张：过去我也曾经天真地以为由海外投资并由海外建筑师设计的建筑都应该是“作品”，事实上并不是这样。从社会主义计划经济体制背景下成长起来的中国大陆建筑师开始并不真正了解，投资商的“开发目标”并不是为建筑师提供成为“纪念碑”的“作品”，而是为获取高回报的利润。

Varela：在西班牙，也曾有过这种现象。但是一个国家建筑文化的进步，并不与投资总额和建筑规模成正比，首先取决于国家文化、经济背景及国民的整体文化素质。

张：记得我们在东京大学曾多次讨论一个困惑不解的问题：日本有现代建筑吗？你总是满怀自信地重复：No！

Varela：其实日本在战后的发展过程可以给中国许多教训，而且有一个共同的问题：在社会经济高速发展期间，如何体现推动社会文明进步的建筑文化价值观？高楼林立、豪华装修是高尚的建筑文化吗？不，这只是一些表面现象，或许是“泡沫经济”的刀光剑影。

一扇门别具一格，色彩及门锁体现出这个院落及其建筑的历史沉淀（上海虹桥区）

张：我在欧洲旅行时，除了柏林大兴土木之外，其他地方很少见到建筑工地。而在中国，全国各地都在拆房子、盖房子，真是一个摧枯拉朽、新陈代谢的伟大时代。但也有学者认为当前中国的建筑与城市开发状况正在重蹈10年前日本“泡沫经济”覆辙，显然危机潜伏。我的见解却相当乐观，中国的发展不会盲从沿袭日本的模式。

Varela：同样，我们都难以从经济学的角度对中国和日本的建筑进行比较性预测，但我有一种强烈的预感，尽管目前日本的所谓建筑水准走在中国前面，不久，在国际建筑界，中国现代建筑体系的魅力及文化价值将会高于日本。

张：当然我为你的预见而鼓舞。但我感到中国建筑状况要实现你的预见还有相当距离。一方面，中国建筑师克服数千年传统的惰性，市场经济体制的逐步完善，“一国两制”下建筑师之间的交流和协调需要长时间的过程，而另一方面则是地域发展不平衡的中国国情。

Varela：我的预见与你所强调的时间及国情并不成正比。或许我只是一种纯学术的见解，而这一见解是立足于你所提出的“21世纪中国建筑体系”。请注意，我觉得“中国建筑体系”具有充分的说服力。看到最近你的几幅城市风景画，譬如厦门鼓浪屿、香港薄扶林、上海外滩，同样曾经在租界和殖民地时代受到西方文化影响，三地建筑形态及景观却如此相异，

20世纪30年代的上海西班牙风格，建筑细部依稀保留着历史底蕴（上海虹桥区）

这些特色在日本根本不可能见到！而中国圈的这些“地方特色”加起来，就是你所提出的“中国建筑体系”。

张：可是，在中国建筑与城市现代化进程中，许多城市的景观特色变得模模糊糊，大同小异之处实在太多。

Varela：任何一个国家的建筑遗产及城市景观特色，不仅是所在国家的人文资源，也是全人类的文化财富。21世纪，中国建筑在国际上的形象及地位，不仅在于拥有一座座杰出的建筑，而且更重要的基本因素是各地城市景观的特色。这些子体系的集合，就能形成“21世纪中国建筑体系”。

Varela：最近，我看世界地图时有一意外发现：马德里与北京几乎位于同一纬度。

张：那么，中国与西班牙定是在同一地平线上。

Varela：看来，西班牙离中国只有一步之遥。

张：是的，因为全人类都在同一地平线上对话。

Varela：啊！我亲爱的在元，同一地平线属于我们。

西班牙马德里普拉多美术馆

西班牙马德里毕加索美术馆

10. 早期汉口的城市形象

19 世纪中叶汉口开埠初期的城市景观

刘骞:

你好。

来信关于贵报讨论武汉城市沿革以及城市公共交通话题，提出以下见解:

(1) 20世纪初汉口的国际城市形象

19世纪中叶至20世纪初，随着外国列强在汉口陆续建立租界，汉口在当时已逐步建成为一座国际化都市。汉口在国际上的知名度已与上海、巴黎和纽约齐名。

与沿海19世纪中叶至20世纪初“五口通商城市”景观比较，汉口以其中国内陆地理位置以及历史沿革所形成的独具特色的城市景观，给当年曾经在汉口居住的外籍人士留下鲜明而又深刻的印象。我在20世纪初出版的美国《国家地理》杂志读到几篇欧美传教士和探险家介绍关于中国长江流域城市的文章，其中有对于汉口城市景观的描述以及对于民俗的体验，深为汉口这座城市曾经拥有如此魅力而自豪。

城市是人类社会发展的编年史，也是社会进步的历史见证。

见到出自20世纪30年代荷兰画家之手的8幅汉口景观素描，首先意识到确实拥有历史文化见证性价值的城市景观不仅仅是一座城市的文化资源，而且是城市的文化品牌。将汉口

置于世界名城之林，我们将会深切地感到当年汉口的城市景观作为文化遗产，不仅仅属于武汉，也不仅仅属于湖北乃至中国，而是属于世界。

如何在历史的城市景观序列适应时代进展而推陈出新？如何使得城市文脉不至于因为今天的快速开发而被割断或终止？我认为，首要的关键在于从市长到市民首先必须具备"城市文化意识"——

- 罗马并非一日建成。自鸦片战争后，从汉口到武汉城市走过了一段非同寻常的成长历程，来自荷兰画家的8幅素描已经记录武汉的近代城市史片断。
- 从城市功能到城市景观，城市系统的任何进展与衰退都归结为"城市文化现象"。正是由当年各国租界所导致的国际文化交流曾经将汉口这块"金属"擦得铮亮。
- 让武汉市民从来自荷兰画家的这8幅素描中一方面了解武汉城市建设的昨天，与此同时，也要有促进城市发展过程中的城市文化世代承传精神。

(2) 时间是城市的生命

中国城市交通目前普遍出现两个误区：忽视公共交通而过分倾向依赖提高私家车拥有率；此外，未能深入研究、设计或改进城市公共交通运行系统（请注意：在此特意强调

的是一个“系统”，并非仅仅几条线路），某些方面过于追求表面气派，一味加宽路面或形成超级尺度通道。

关于城市公共交通，这是一个当今世界性的城市发展课题。发达国家城市在20世纪30～50年代同样遇到城市交通的系列棘手问题，最终几乎都是在发展城市公共交通方面寻找到行之有效的出路。

香港建成区目前只占全部拥有土地面积的23%，在高密度城区的高容量人流与物流主要依靠24小时运行的公共交通体系。如果我们加以仔细观察与比较，香港的城市干道几乎普遍窄于武汉，但是，香港却很少出现武汉及内地其他大城市普遍出现的交通堵塞现象。据调查，香港的城市单位时间交通高峰流量大于内地一些大城市，可是，在不发生意外事故的前提下，香港的城市公共交通通常处于全日制正常运行状况。

香港城市高效益运行得益于一向重视发展公共交通，而且政府有关部门组织专家结合本地实际对改进与设计城市公共交通系统进行了长期探索。阶段结论表明，仅仅靠提高路面宽度并不是改善与优化城市交通体系的基本途径，基点应该是首先在整体运行系统工程方面投入研究，进而从整体系统上确立关联性优化因素。

计算城市公共交通系统运行效益的基本指数是“时间”。时间是城市的效率，时间是市

汉口江岸居住社区，邻里之间的生活氛围

民的生命。如果人们在城市流动运行过程经常为交通堵塞而浪费时间，实际上是在浪费与缩短生命！

评价一座城市的综合效率，基本立足点首先确定于24小时的交通运行率。所谓8小时制的城市交通运行状况仅仅停留于工业时代过时的思考模式，信息时代的现代大都市交通体系必然是24小时全方位畅通运行。

当世界进入全球化经济体系，世界各地城市几乎同步进入地球全方位24小时运行。衡量一座城市现代化与国际化的程度，基本要素之一就是了解这座城市的24小时公共交通运行状况。

武汉三镇因天堑之隔，建成区范围正在逐年延伸，一方面需要在国土资源科学保护与开发方面冷静审视，同时也应该随之检讨本城市的公共交通运行负荷及其优化系统。

在元

2004/4/6　于东京

（刘骞：武汉《长江日报》编辑）

张之洞主政兴建的汉口"财政部造币厂"遗址——早期汉口的历史见证之一

汉口“财政部造币厂”保存现状

武昌与汉口一江之隔，早期城市氛围及建筑风格不同于汉口。图为武昌珞珈山麓的武汉大学

美国洛杉矶比华利山庄别墅设计构思过程比较方案一1（设计：张在元）

11.别墅设计无止境

美国洛杉矶比华利山庄别墅设计构思过程比较方案一2（设计：张在元）

安德鲁：

你好。

当年与你在东京大学讨论“银杏庄”设计的情景还历历在目。最近不断接到你的来信询问关于在中国设计别墅的进展，因而得知你对中国建筑界发生的事情一直抱有兴趣并予以关注。关于你在来信中所问及中国特殊类居住建筑设计进展状况，正好前段时间我们着手一项中国南方别墅设计，并有幸应邀出席在上海举行的一次“世界别墅设计进展研讨会”演讲，现将演讲所涉及的要点及其见解传达给你，希望能听到你的声音。

1983年，我在美国有机会接触别墅设计，画了一些别墅设计的水彩表现，被美国建筑师朋友们一一收藏。从此，别墅设计的技术挑战性及无止境空间艺术使我沉醉其中。

2000年，开始在中国进行一些别墅及其相关的社区城市设计。

随着设计逐步进展，我发现“别墅”概念在这片土地上出现一系列误区：直输入与模仿欧美风格流行，人们普遍以为别墅就是姓“洋”，即别墅＝“洋房”。据我所知，即使欧、美房地产业主与建筑师在推进现代别墅项目方面也并未局限于仿古典或新古典风格。那么，为什么当代中国别墅设计及开发却如此崇尚那些直输入与模仿欧美风格呢？！

北戴河海滨联排别墅型独立式住宅设计构思过程比较方案（设计：喜马拉雅空间设计 2002）

或许不能简单地理解为“崇洋”。

而是一种尚未完全解放的观念局限以及被束缚的思想。

已经到了反思的历史时刻：从我们身边的别墅现状即可以意识到：别墅建筑创作至今未能建立起中国别墅设计哲学与方法的框架。由于一时缺乏别墅设计与开发的方法体系，急功近利的捷径或许就只能是拷贝与模仿……

空间想像力的萎缩与枯竭是一个民族建筑文化衰退的根源。

别墅并非仅仅姓“洋”，中国有条件建立本体别墅设计与开发体系。中国新一代别墅开发的出路并不是走国外走过的路，而是要探索属于自己的“独立性”与“独特性”。经历长期求索实践而开始拥有作品的“独立性”与“独特性”，才能在一定程度上体现项目及作品的本土品牌，从而进一步获得国际性认可。盲目模仿与拷贝等于慢性自杀，前阶段中国别墅模仿与拷贝性开发之路应该划上历史的句号。新一代别墅的品质及价值仅仅需要以创新设计体系去实现。

别墅的价值首先在于创造性设计。

别墅的生命力体现于设计探索无止境。

我们一直坚持在别墅设计方面体现独立性、独创性与独特性。我们的基本设计目标就

江西南昌龙隐山庄联排别墅（设计：喜马拉雅空间设计 2004）

是力求为国家、为社会提供高品位设计作品。

联合国教科文组织关于世界各地文化及其城市发展有一句格言：有区别才能存在。

我们意识到别墅设计的特殊性及其高难度。首先，设计作品的存在必须具备“区别性”及“可识别性”。所以，我们一直致力于立足中国地方文化土壤的设计创作与探索。我们深信：经历持续努力与积累，不久，拥有中国各地独特品牌的别墅将会陆续诞生。

最近，我们在中国南方几个城市远郊设计了几幢别墅，力图完全让建筑扎根于所在地自然环境，切实尊重当地民俗文化与风土人情；外墙材料注重自然质感，内部空间充分注意到因地制宜适当调节分层错层标高，并将当地植物顺理成章引入中庭空间。在外部造型方面引用了地方民居的一些传承建筑语言，建成之后的主体风格得到当地村民的好评与认可。

其实，中国的许多地方民居也可以称之为别墅，构成意匠与别墅可谓异曲同工。

中文译成别墅的“墅”是“野＋土”，所以别墅应该是在“野土”环境精心设计而成。

时代在前进，别墅设计无止境。

在元

2004/8/19　于广州

（安德鲁·特雷伯特吕：美国建筑师）

江西南昌龙隐山庄独立式别野（设计：壹马拉雅空间设计 2004）

广州生物岛国际专家居住区设计构思（设计：张在元+喜马拉雅空间设计）

武昌东湖，自然与人文景观成为城市风景区的底线

四川省自贡市临水街景，建筑与环境的协调感

山东威海刘公岛早期遗留军港建筑融于群山与大海之间的景观

12.城市形象直觉

英国伦敦保存历史建筑(议会大厦)外墙所体现的城市年轮

卫敏：

你好。

来信所涉及关于城市形象设计基点的讨论，对于城市设计方法体系研究确实必要。

目前，大量性的城市建筑项目实施在全面推进，似乎城市高层及其项目主管首先关注的焦点是"量"而不是"质"。以致，大片大片的房子很快盖起来了，而城市富有一定品位及其特色的整体形象却未能相应合拍，往往给人未尽到位之感。为什么？究竟症结何在？社会民众中有识之士开始呼吁这些问题，我们作城市规划、城市设计与建筑设计的同行也开始反思。

就此，我写了一些相关思考的笔记，同时也包含一些最近在广州的学术讲座提纲传给你一阅，最好能尽快反馈你的意见，我们需要进一步深化展开讨论。

人类在这个星球上定居，从城市规划到城市设计，直到建筑设计、环境设计所有的工作都落实到我们的城市形象上，而城市形象则贯穿世世代代的城市理想及其城市文脉。

体现一座城市文明的标准、城市设计进展的程度以及一个国家、一个民族、一个地域城市规划师、建筑师的综合素质及水准，在相当程度上可以通过城市的形象予以透视评价、衡量。

在最近所从事的一项关于城市景观专题研究过程中，到了世界一些城市，拍摄了大量

四川省成都市保留城墙，形成一道蕴涵城市历史文脉的风景线

城市景观照片，这是对于城市形象直觉的原始记录。

新疆吐鲁番附近的一座古城废墟，因干旱缺水而导致这座当年曾经繁华一时的城市衰落直至汉代留下遗址，整体上仍然可见当年相当系统的城市格局，它的城廓边缘、街道阵形、中央社区，都存在一个比较完整的布局思想及其体系。

威尼斯的整体景观给我们一种完整和谐的直觉。由此联想到现在中国城市最大的问题是景观错位，许多建筑都在各自张扬，都在强调自己的标志性、商业性，导致城市的景观几乎是一片失去控制或协调感的零乱。从威尼斯的城市景观是否可以得到一些反思，我们的城市设计是否能在“第五立面”形象上更多地注意城市的和谐感以及纯粹性？！

莫斯科红场的夜景如此迷人！整个建筑群形态鲜明但又保持相互关联，拥有历史文脉的城市轮廓线，纯粹的俄罗斯民族建筑风格体现出城市形象特征。

从卫星上拍摄的北京，位于中轴线上的中央社区具有城市历史文化价值，现在看来只剩下这一片纯粹的城市文化经典，焦点式体现出我们中国城市的代表性特征，也是北京立于世界城市之林的城市文化基石。

布拉格的城市美感众所周知，在欧洲被称为最美丽的城市之一。到了这个城市的感觉是回到一个似乎远离现实尘世的时代，而且这个时代在延伸。尽管如今城市现代化步伐逐步加快，城市国际化步伐也在加快，但是这座城市依然保持了地方以及本体文化特色及其

美国洛杉矶：林肯总统雕像与迪斯尼艺术中心形成城市文化的历史层次感

固有的城市生活方式。

北也门首都萨拉给我们的直觉是一座纯粹的非洲城市。建筑群外墙质感表露当地风土的质感。我们并不认为这是一座落后的城市，也不认为这是一座愚昧的城市，恰恰在当地的地域性风土体现方面，体现了北也门的地方文化特征。我们中国是一个地域广阔的国家，非常需要如此蕴涵地域文化及风土质感的城市形象。

巴西里约热内卢依山傍海，整个城市轮廓线的标志性景点是山顶耶稣巨型雕像，形成了一个城市宗教文化的经典视觉构成。

麦加是全世界伊斯兰教徒心中的圣地，朝圣场所的情景以及圣徒顶礼膜拜的景观，可以看到麦加这座城市所体现的伊斯兰文化特征。

英国殖民者于16世纪从荷兰人手中夺取纽约以后，将原名新阿姆斯特丹更名为纽约，对曼哈顿半岛实行分期分区开发。曼哈顿半岛街区（上纽约）最为引人注目的特征是中央公园。或许人们会感到奇怪，当年英国人规划纽约为何具有如此远见？中央公园长4.2km，宽800m，在当时的纽约格局中能够留出这样一大片空地作中央公园，表明当年英国城市战略家的眼光。中国城市发展非常需要城市战略家。至今，城区有一块空地就在考虑如何盖房子，几乎很少有人去考虑作森林公园。难道纽约中央公园不应该引起我们的反思吗！中央公园周边的建筑群以及现在的城市生态景观显得章法明确，由此提升了曼哈顿半岛的整

英国伦敦：人们聚集街头吧沐浴秋日的阳光，沉浸于健康城市生活氛围

从中央公园透视纽约城市轮廓线　[illegible]宾森林城市风格

体生态景观品质。

“9·11”事件成为曼哈顿半岛景观及其美国建筑艺术哲学的转折点。从“9·11”事件得到一项启示，“9·11”不仅仅是一起恐怖事件，而是给全世界城市规划和城市设计提出了一项警示：城市的普遍安全性如何体现与保障？城市危机对策如何在城市设计中体现？也可以说是现代城市设计方法体系形成过程的一个转折点。在相当程度上，我们应该从“9·11”事件得到一项反思：我们城市设计的目的到底是为了什么，城市到底给人们提供一个什么样的生活、工作安全环境？城市能够应付突发事件所带来的危机吗？城市设计应该切实采取哪些措施确保市民的人身安全？这恰恰是城市设计思考的基本点。

从城市表层现象看，中国的城市形态现在跟在西方发达国家后面亦步亦趋。现在对于上海浦东城市景观的评价或许为时过早，但我们从世界近年的一些建筑与城市评论可以了解到，对浦东陆家嘴的规划格局思路及现状并不持肯定态度，存在效仿美国城市中心区的“后Down Town现象”。2004年9月，北京“国际建筑艺术双年展” 的论坛上，有一位欧洲建筑师发表了这样一幅画面，美国的高层建筑群正在大规模转移到中国，其中注解有一句话标明：“在过去的30年中亚洲将高塔作为成长中经济力量的象征。”这是他们对中国建筑城市评价的一个基本视点。对此，我们可以回顾近20年城市发展的历程，是否跟在美国后面亦步亦趋？

21世纪，广州的城市形象工程进展究竟如何定位？这是我们所要思考的基本点。

海南省海口市早期社区依然保留着骑楼空间形态，这是一种地方建筑风格及其生活方式

全球化时代带给不同国家城市发展的不同命运。中国城市面临的挑战则更多的是建筑与城市文化冲突。广州就是广州，地球上只有一个广州。所以，我们从卫星上拍到的广州的整个城市格局画面发现，它不是独立的，它位于珠江三角洲，与香港、深圳、珠海、东莞、佛山等组成一个城市群系列，这就是当年英国人为什么从南海上岸首先要在广州安营扎寨，后来在广州难以立足才去占领香港，其实他们从城市战略布局上看中的是中国南大门关键的一个出海口。

19世纪中叶英国一位画家笔下的广州的城市景观呈现出建筑与山、水和谐共存的画面，很遗憾，至今这些原生景观几乎荡然无存。现在的广州翻天覆地史无前例，于是，寻找这座城市的“根”成为我们的使命。我们平时是从街上看广州，当我们从空中俯视广州，广州会给我们留下什么印象？

城市在保护旧城区和拓展新城区方面应该作什么思考定位？与其说是建设新广州，不如说是我们反思如何将旧城区进行科学合理的保护与改造，依据传统的城市结构作一些和谐的布局性构成。目前在广州旧城区遗留下来的一些历史性城市景观，非常珍贵。看到这些画面，我们并不认为广州多么落后，恰恰表明岭南城市建筑的基本文化特征，在整个世界城市建筑之林拥有自己的地位。

白云机场周边的一些新建筑群，多为在一种无视规划、城市管理失控前提之下的自发

广西桂林郊区民居，木结构阳台、灰砖墙、马头山墙与屋顶小青瓦成为过去时代的见证

广西桂林远郊小镇的桥与街　极具地方特征与风情

广西桂林远郊乡镇寂静与质朴的小街

开发行为，农民在无政府状态之下自建村落，从各个方面评价都不符合城市规划要求。在未来白云机场整体改造过程中，需要对这些违章建筑群进行全面改造，使其成为城市健康安全社区。

广州拥有引以为自豪的标志性建筑——中山纪念堂，到现在仍然是广州值得自豪的建筑。像这样一座历史经典建筑在广州城市中心得到保护，相当得体与显赫。

很自然在广州就联想到香港，因为香港开埠早期的城市文化来自于广州。我在伦敦根据19世纪殖民地历史文献画了一些香港早期的城市街景图，是香港在1852年开埠时的写照。中环立法院前面是皇后像广场，汇丰银行出于商业及本体景观考虑，同样也是对城市的贡献而与政府协商将皇后像广场全部买下来，不允许在皇后像广场建其他建筑。

香港在进行大规模城市设计与开发同时，注意保留传统的城市形象，对一些新建筑设计明确要求注入地方海洋文化元素。2001年，我们提出了香港西九龙城市文化中心设计方案，在城市传统的人文环境和结构里面，以当地渔船风帆提炼出基本设计主题，寓意城市形态构成的海风境界，希望在寻求香港的城市景观轮廓线中建立这座建筑的独特秩序感。

使我感触很深的另一件事是2004年7月在法国巴黎参加法国建筑师协会的一次学术活动。会议在法国建筑师协会礼堂举行。法国建筑师协会属于文化部系统，当时，法国文化部部长到会讲话。这是一座旧礼堂，室内墙面斑驳陆离，几乎没有作什么翻修式装修，他们说并不是没有投资，而是想保留这座建筑室内质朴的真实质感。由礼堂室内景观反思，究竟什么是

广州近郊珠江滨水区竹屋，体现出岭南民间建筑的地方格调

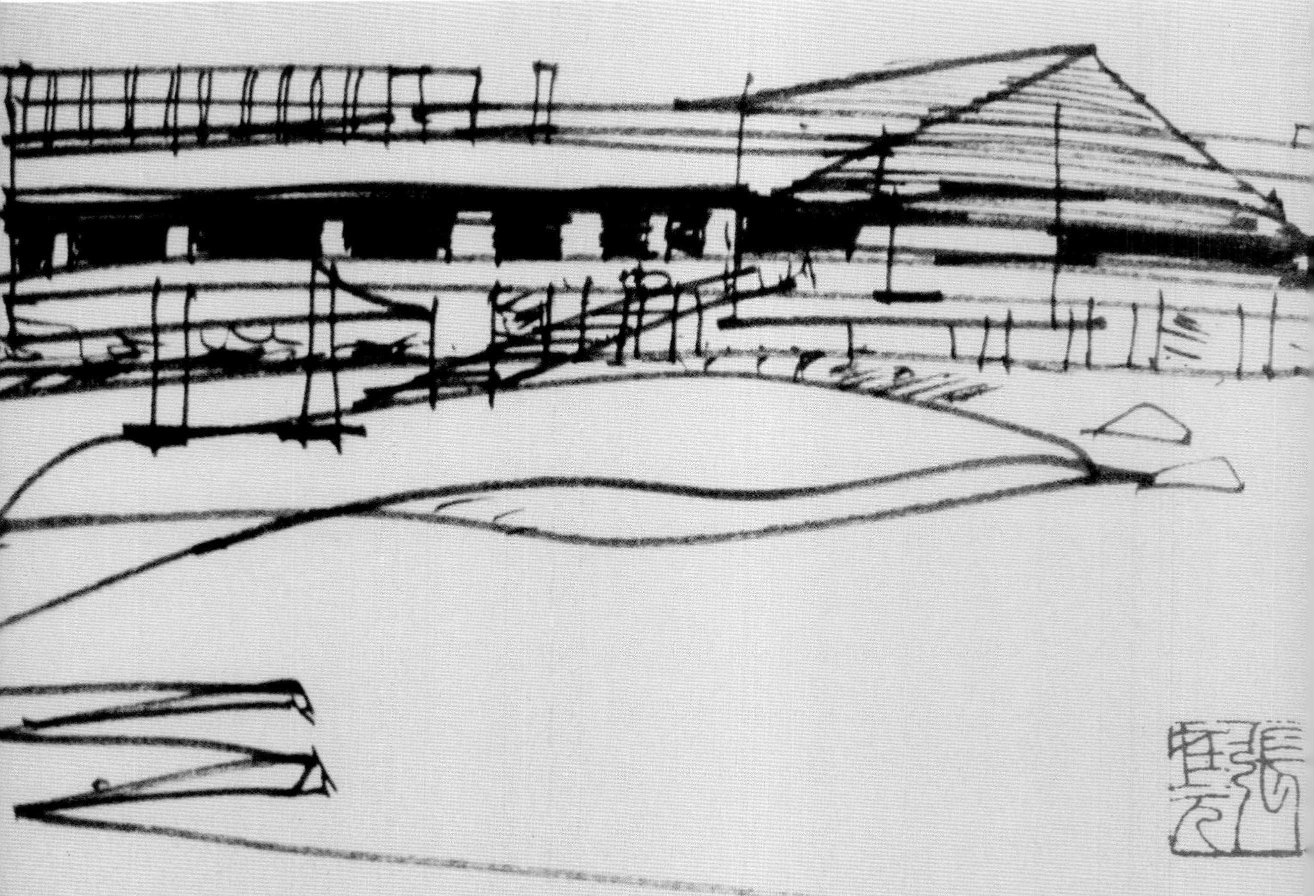

城市的文化，什么是建筑文化？我们怎样从尊重城市与建筑组部入手来考虑我们的城市形象？

再看耶路撒冷，旧城区完全保存下来，新城区在离旧城区相当远的地方慎重规划建设，整个旧城区完全保存城市原有的质感与基调。

一座称得上是好的建筑，不仅仅是孤芳自赏，而在相当程度上是一个城市新的形象及景观资源，应该将现代和历史感有机衔接起来。现在我们的一些新街区和旧街区在很多方面都没有什么关联性，好像是一个个互不相干的孤立载体，将城市的整体感肢解。其实，城市各元素以及各社区应该有相互关联性。

人类在建筑与城市方面的所作所为，都是在这个星球表面留下一些痕迹。我们希望能够让这个星球更美一些，我们不应该破坏，首先应该保护，以诚心与责任保护家园。所以我想，只有一个地球，只有一个广州。

广州城市设计基点可以概括为："广州就是广州"。

在元

2005/6/29　于广州

（卫敏：中国注册规划师，供职于北京）

法国建筑师协会礼堂，国家文化部部长到会讲话，室内墙壁保留"陈旧"历史品位

德国汉堡：港口区游览渡轮的色彩装饰，体现原色及笔触的自然构图（上）
美国迈阿密：海滩上的色彩组合，海面、海滩和帐篷体现海洋城市文化元素（下）

德国汉堡：货运车的色彩装饰，成为城市的一道流动风景线(上)
中国青岛海岸风景线：人工与自然的和谐交融(下)

13.广州五年

广州六二三路，犹如古老年轮的城市历史层次感

吴平：

你好。

1999年，为作生物岛规划设计，我来到广州。

尽管断断续续往返于广州与美国之间，但是，五年来这座城市给我留下难忘的印象，也给我带来一系列关于城市设计的思考。

由于仅仅局限于思考，而且是正处于混沌思考的过程，所以许多观点、论点以及论据并不完全成熟，甚至会出现一些偏颇之处，但这仅仅是一项相关研究的过程，至今并未得出结论。

(1) 从印象到意象

初到广州与在这个城市生活一段时间所得城市印象完全不一样。以建筑与城市设计的职业眼光观察广州，并以一种国际城市游学经历体验华南最大城市的地方生活方式，整体上对广州建立以下印象：

- 作为中国城市史上最早对外开放的口岸城市，广州拥有外来文化与本土文化交融积淀的深厚底蕴；
- 19世纪中叶鸦片战争给广州留下历史的年轮，成为这座城市文脉举足轻重的片断；

广州，包容多元文化的城市表层

- 20世纪初，广州成为国民革命以及北伐起源地，在中国近代城市史上，广州显赫的英雄城市形象与地位举国公认；
- 20世纪80年代，广州改革开放走在全国城市前列，这座城市的所作所为一度代表了中国前卫的“摩登”与“时尚”；
- 20世纪90年代后期，全国城市开始进入并列发展时期，广州的城市魅力开始出现衰退迹象，综合竞争力落在上海与深圳之后（2005全国评选结果）；
- 尽管广州推出系列新一代大型（甚至超级）新城市发展规划，但是一些发展地带的环境已经被前些年快速经济发展而普遍破坏，与其说是规划新城区，不如说是首先需要改造与治理被“污染”与“破坏”的“旧”城区，而且改造与治理的代价甚至高于新城区开发；
- 与快速城市发展的经济增长相比较，广州的城市规划与城市设计大多处于滞后状况，“规划跟不上发展与变化”已成为普遍现象；
- “工地城市”与“城市工地”——以广州东站为例，途经此车站近五年，一直以来各种整修、改建与加固工事不断；
- 城市交通多处混杂，系列意外城市生活突发情节给人以不安全感；
- 一座几乎被高架路肢解的城市；

一座华南经济起飞初期的城市首先面临交通高负荷压力，立交缓解交通却肢解了城市景观

……

广州拥有雄厚的城市经济支撑体，但是在20世纪80年代却一度缺乏深具远见的城市发展战略，城市规划缺乏系统“城市设计”支撑与完善，“商业至上”浪潮逐渐淹没南国都市的地方文脉，城市整体形象及其景观构成方面极度失衡。

广州的城市意象使我们感受到这座城市的商业节奏与文化旋律并不协调，木棉花被巨大商业广告遮挡，陈年骑楼却在珠光宝气的商业装饰包围中逐渐失去城市历史的韵味。

(2) 城市文化的积淀

广州的现状丰富多彩，但又有一些明显不尽如人意之处。

因为广州拥有深厚的历史与文化的积淀，我们渴望广州在城市形象及其综合素质方面充分体现自己的底蕴与魅力。

20世纪90年代中期，陪同外地或外国学友游览广州市容，无不感慨：太繁华、太刺激、太兴奋，却又太乱！我一再解释与澄清：“非‘乱’也！此乃城市活力！”

广州一直是一座充满整体活力的城市。

带着广州市景观的形象资料在海外讲学，学子无不惊呼：“广州简直是香港的翻版！”

珠江南岸，广州的另一类城市风景

广州沙面，中国最早期“外国租界”，至今依然保留城市历史记忆

我只得再三强调与说明：“香港的早期文化均来自广州，但如今广州与香港却是中国南部两座不同素质的城市”。可是，却有学生与我辩论：“固然香港的早期文化均来自广州，可广州的现代文化却来自香港。我们只是感到广州简直就是从香港直输入舶来品，为什么广州未能走出一条区别于香港的城市发展之路呢！？”

20世纪80年代初，中国城市界出现一项观念误区：香港就是中国实现城市现代化的楷模与样板；而广州就是香港通向内地城市现代化的“桥梁之都”。

在内地许多城市高唱“再造一个香港”而进军国际大都市的如火如荼进程中，广州的“城市香港化现象”快速走在全国其他城市之前，让我们数数昔日广州“城市家珍”：

第一座城市高架路在广州出现；

第一座室内及室外自动扶梯在广州运行；

第一面玻璃幕墙在广州问世；

第一届世界级商品交易会在广州举行；

第一个城市级豪华游乐园在广州建成；

第一座地方五星级酒店在广州开业；

尽管陈旧，但却让人们感受到城市的历史沧桑

第一个KTV包厢在广州悄悄地试营；

第一个服装大排档市场在广州问世；

第一座生态式别墅在广州山林显现；

……

这一切，曾经被广州人以及全国人民自豪乃至羡慕之极的“广州城市文化”再也不足为奇。难道说上述历史记载没有城市文化纪念意义吗？难道说今日广州不再为此而辉煌吗？！无法作出简单界定。

在全国人民心目中，广州城市建设一向以标新立异之举显著进取，许许多多城市建设“大动作”往往令兄弟城市目瞪口呆，甚至望而却步。可是，时至今日，广州以往城市建设的“现代大动作”具有历史的见证力与生命力呢？！而又在城市经典文化上留下哪些值得考究、考证与回味的脉络！？

现在，确实应该是广州深刻反思的历史时刻，当那些“新城市亮点”的光泽逐渐褪色之时，或者那些昙花一现的“流行城市花边”飘失之时，我们只有从城市文化积淀层中寻找拥有广州城市生命力的“元素”。

(3) 标志性神话

中国城市界有学者认为：广州城市发展的“想像力”似乎一度枯竭，只有靠抬出一些“标志性建筑”设计竞赛而给城市注入强心剂。

可是，我的观点与此相异：广州城市发展的“想像力”并未枯竭，而是迫切需要抓住城市发展的关键——提高城市社区的整体素质并普及“城市设计”。

如果奢望靠“标志性建筑”设计竞赛而振兴城市，似乎给人以“望梅止渴”之感。

在城市规划及其建筑创作失去本民族自信心、失去整体性创造力的状态下，城市及其项目决策者已经被“政绩”或“业绩”逼得心荡神驰，在与时俱进之际便选择依靠那些张扬抢眼的“标志性建筑”来拯救城市的文化价值。

其实，选择首先就已经开始出现城市决策倾斜现象。

截至目前，考察广州一些 “标志性建筑”本体方案，可以发现一些设计方案构思仅仅强调建筑个体而普遍忽视甚至藐视基地周边的街区规划，甚至我行我素，几乎很少单体建筑在实施过程获得当地城市基础设施的系统技术支撑，城市将为“标志性建筑”在基础设施体系以及景观方面付出文化撕裂性代价，这种代价包括潜在环境危机及其“城市病后遗症”。

进入21世纪，广州市开始在城市规划与设计过程将更多的注意力集中于城市整体性的

位于白云山脚下的广州新体育馆，建筑轮廓线与白云山轮廓线同一旋律（设计 法国建筑师保罗·安德鲁）

文化与生活品质，在提高城市整体性素质的基础上而对于“标志性建筑”更进一步精益求精。近期发现珠江两岸的一些建筑群开始同时注重环境与建筑本体品质，尽管这些建筑并不具备“标志性”，但是却具有融入城市整体环境的适当尺度及其形态。

20世纪80年代以来，在广州逐步升级的大规模开发进程，先后出现的“标志性建筑叠加”逐渐成为过去一段时期空间膨胀的记录性城市轮廓线。

广州在全国城市之列拥有深厚的城市文化底蕴，也拥有雄厚的经济基础。与世界上曾经发达兴旺城市的发展同路，广州当然希望以“标志性建筑”显示自己的实力与城市新文化旗帜。在一个发展中国家初步奠定原始资本积累基础的城市几乎都试图通过树立“标志性建筑”来建立历史里程碑。但近25年来城市发展由此出现了一系列问题：“标志性建筑”与城市在城市结构、社区空间组织以及景观方面与城市分离，导致城市质和谐景观系列出现类似“不速之客”的“标志性建筑”，无论建筑个体如何宏伟、张扬或者独立，但是，这些建筑却失去了周边建筑群“朋友”的支持，从而显得孤芳自赏，时不时也曾经被市民称为是“都市的流浪汉”。

实现“标志性建筑”不可“拔苗助长”，得到社会接受与民众自发性评价认可，需要长时间的积累和检验。当然，绝非所有希望成为或自封为“标志性”的建筑都可以成为“标志性建筑”，许多在广告上大肆宣称自己是“标志性”的新建筑结果在时光隧道中纷纷失去

广州市中心城区的市民生活，街道世俗与悠闲交织

“标志性”光环。“商业至上主义”终于淹没了“标志性文化风采”，政绩欲望也徘徊于“标志性建筑误区”的怪圈。

与北方城市相比较，广州的优越自然生态环境给“标志性建筑”以优越支撑条件，以往通常以牺牲自然环境及具有保存价值的建筑为代价而换取新建筑的“标志性”，而现在，广州已经开始在这个泥沼中挣扎出来，正在走向一个“理性标志性建筑”时代。

这是我在广州生活五年后留下的一系列关于城市设计的思考要点，这是一种在城市思想求索过程的点滴收获。

广州是一座具有高度文化包容性及其创造活力的城市，寄予广州更多是希望、憧憬与期待。19～20世纪，影响世界的许多“中国大事”都在广州出现；21世纪，预计广州在新一代城市设计与发展进程将发生举世关注的新文化复兴。

在元

2004/4/1　于广州

（吴平：中国注册建筑师）

广州华林寺，都市商业氛围中的宗教气息

珠江边，高架路下的分割江景

龟山脚下的晴川阁与长江大桥遥相呼应

龟蛇二山连通一桥飞架南北，天堑变通途

14. 龟蛇锁大江

陈婕：

你好。

来信提到你对武汉现有城市规划及其景观持有不同见解，对此可以展开相关细节的讨论。我们应该鼓励年轻一代建筑师与规划师对城市敢于质疑和勇于创新的精神。

对于你最为关心的龟蛇二山及其景观，我必须先给你叙述一个城市故事。

因为，城市由故事所组成。

(1)

1966年7月16日。

武汉。

宽阔的长江江面，正值洪峰汛期，波涛汹涌，激流东进。

毛泽东在畅游长江，**中流击水，浪遏飞舟**。

毛泽东时而仰泳，时而侧泳，时而躺在水面**极目楚天舒**。

一位世纪伟人的长江境界：**不管风吹浪打，胜似闲庭信步**。

毛泽东眺望长江两岸风景，郁郁葱葱的龟蛇二山显得巍然挺拔。

从武昌眺望长江大桥与汉阳龟山

(2)

在遥感卫星城市地图上，龟蛇二山屹立在长江与汉水汇合口的南北江滨，这是江城武汉的中心景点，也是这座城市文脉的起源地。

据地质考证，大约在八千万年前，长江水大约以约 1 千万年光阴的冲击冲刷劈开原连为一体的龟蛇二山。于是就形成了至今龟蛇锁大江的格局气势。

长江以不曲不挠的气概冲出三峡流入江汉平原，在武汉与汉水汇合，形成浩浩荡荡水势，奔流东去。

就在长江与汉水汇合口的南北岸，盘踞着两座青山：北岸的山称为“龟山”，南岸的山称为“蛇山”。

早在2700余年前，长江与汉水汇合口的龟蛇二山脚下开始出现人类定居群落，当年的聚落逐步发展到如今的武汉三镇。

如此两山夹持大江的自然景观，在全世界城市之列绝无仅有。

龟蛇二山成为武汉起源与成长的自然历史见证。

(3)

武汉长江大桥：桥头堡的抽象民族风格一直保持历史魅力

早在春秋战国时期，俞伯牙遇知音钟子期而摔琴绝响的古琴台就坐落于汉阳龟山脚下，至今，这里仍然是人们游历寻觅知音的胜地。

(4)

千里江陵、孤帆远影，古代多少文人墨客遍游龟蛇二山。唐代诗人李白激情赞美的黄鹤楼屹立在蛇山半坡，崔灏笔下“晴川沥沥汉阳树”的晴川阁就潜藏于龟山临江之巅。

(5)

清末，张之洞创办的中国第一座汉阳兵工厂位于龟山北坡，这是中国近代国防工业的起源地，第一支由中国人自己生产的“汉阳造”步枪就在这里问世。

(6)

20世纪初，一场结束数千年中国封建王朝的“辛亥革命”在武汉发生。当年，“辛亥革命”起义的红楼就坐落于武昌蛇山脚下。这是一座见证中国历史的伟大纪念建筑。无论在世界任何一座图书馆的历史文献中，论述中国的篇章必然要特别提到武汉的红楼，而与红

武汉：长江上第一座大桥飞架南北，桥头堡至今仍然为区别于长江上其他大桥的标志

武汉：假设将龟山顶电视塔转移，龟山方可重现其本来面目

武汉：汉阳龟山顶的电视塔，使山体成为电视塔的“基座”

楼直接相关的内容就是蛇山的来龙去脉。

(7)

早在第一次国内革命战争时期，毛泽东创办的“武昌农民运动讲习所”位于蛇山脚下东邻城区。当年这所“农民运动讲习所”的学员后来大多成为解放中国立下赫赫战功的高级将帅。

大革命时期，毛泽东对武汉的山山水水留下深情，曾赋诗赞美：**“烟雨莽苍苍，龟蛇锁大江”**。

……

“龟蛇锁大江”——这是毛泽东的发现。

(8)

自古以来，长江天堑隔断中国南北。

1950年，新中国决定建设武汉长江大桥。

在长江上架桥，这是多少代中国人的梦想！

当时，中央政府铁道部吕正操部长主持武汉长江大桥项目。

从汉阳龟山脚下眺望长江大桥，近景亟待清理与保护

人民日報

1948年6月15日創刊　·第3386号·　地址 北京王府井大街277号

1957年10月16日 星期三

第一版
火車飞馳过長江
社論：积極解决裁軍問題
第二版
到农村中去生产，到劳动中去鍛煉（干部下放参加生产专欄）
第三版
沈阳許多工厂發生深刻变化
第四版
歡庆長江大桥落成通車（專頁）

火車飞馳过長江

千年理想成現实　万众欢騰庆通車

新华社武汉15日电　新建武汉長江大桥已宣告正式交付使用。約五万人15日欢聚兩岸桥头隆重举行了大桥落成通車典礼。

今天，整个武汉市披上了节日盛装。被數不清的紅旗裝飾起來的長江大桥，显得格外美麗壯观。武汉市民以極大的热情来庆祝这座他們期待了几十年的大桥的落成通車。許多人天不亮就起来作飯，全家扶老携幼前往参加典礼。汉阳龟山和武昌蛇山一帶的江岸高大堤防上，以及有关的鉄路、公路、联絡綫路上，到处是欢騰的人群。

典礼从上午十时起在長江大桥上举行，主持人是国务院副总理李富春。当扩音器里宣告典礼就要开始的时候，在長約兩公里的典礼区內，立即响起春雷般的掌声和欢呼声。

典礼开始前，一千多人参加的桥头音乐会上，演出了歌頌長江大桥的节目，同时有一架銀灰色的飞机在桥的上空兩次飞过，散發了大批庆祝長江大桥建成通車的标語。

典礼宣告开始了。

……大桥的驗收过程和結果，指出这一工程在設計和施工方面都表現了高度的創造性。

我国鉄道部部長滕代远、苏联运输建設部部長科热夫尼科夫也先后在典礼上講話。

在典礼上講話的，还有湖北省省長張体学，武汉市副市長王克文，以及帮助建設武汉長江大桥的苏联專家組組長西林和武汉長江大桥工程局局長彭敏。

講話完畢，鉄路桥开始由李富春剪彩通車。这时候，北京开往凭祥的直达快車在人們的夾道欢呼中駛过長江。一刹那以后，專为参加典礼的中央各部門負責人和中外来宾准备的另一列車，serving 紧跟前一列快車过去以后跟着駛过江水滔滔的“天塹”。在列車通过大桥的时候，車內車外的欢呼声和鼓掌声响成一片，淹沒了机車的轟鳴和長江洪濤的呼号。

接着，公路桥通車开始了。一支由三百四十多輛汽車組成的龐大的汽車队伍，在六輛国产解放牌汽車的帶領下，徐徐地分三行并排通过寬闊的公路桥面。在公路桥兩側的人行道上，穿着节日盛裝的人群揮舞花束和头巾，向車上的中外来宾致意；在公路桥面上，人們撒上了一層彩色紙屑；在長江大桥的上空，升起了各色气球。这时，全桥宣布开放。欢騰的人群立即从蛇山上、从武昌桥头潮水般地涌上桥头，朝着汉阳流去。

下午一时，典礼宣告結束。

今天参加典礼的还有中共中央政治局候补委員陆定一、康生，……，国家計划委員会副主任……，电力工業部部長……，建筑工程部部長刘秀峰，……，食品工業部部長……，鉄道部副部長武竟天，……，中国鉄路工会全国委員会主席王志杰等，以及各……。

参加典礼的还有苏联、……、罗馬尼亞等十多个……一百多位外宾。

上圖：長江大桥全景

表彰苏联專家对長江大桥的創造性貢献

国务院授予西林同志感謝狀

鉄道部授予格列佐夫等九同志感謝狀

新华社武汉15日电　武汉長江大桥正式通車的当天晚上，国务院副总理李富春和鉄道部部長滕代远，分別代表国务院总理周恩来和鉄道部，授予武汉長江大桥工程局苏联專家組組長康·謝·西林和專家阿·波·格列佐夫等十人以“感謝狀”。

授予“感謝狀”的仪式由滕代远主持。……

苏联專家工作組組長西林

人从北京开往凭祥的列車，在万人歡呼声中第一次駛过長江大桥

汽車隊伍浩浩蕩蕩通过長江大桥公路桥面

滕代远設宴招待中外来宾

社論

积極解决裁軍問題

全国总工会和共青团中央

祝賀建設長江大桥的全体职工

苏联代表团回到北京

長江大桥紀录影片　將在全国各地上映

中国与苏联专家就武汉长江大桥选址展开热烈讨论，通过多项方案比较获得基本共识观点：以龟蛇两座山架起引桥，但是不破坏龟蛇二山的自然景观。

最终的设计方案是将引桥架在龟蛇二山的山腰，引桥在半山腰擦边而过。

建成后的武汉长江大桥像横亘于龟蛇二山山坡的卧龙，并未对主峰构成任何负面影响。

武汉长江大桥于1957年10月15日通车。

这是人类征服长江天险的第一座铁路与公路大桥。

"龟蛇锁大江"气势丝毫未变。

(9)

20世纪80年代，中国进入改革开放的年代。

改革开放的标志之一是电视普及，于是，一座座高耸入云的电视塔在中国各地城市如雨后春笋出现，武汉也不例外。

武汉由三镇组成，城市布局分散。电视塔需要高度，这样才有发射与接收的高覆盖率。

当然，主管电视的高层决策人士在电视塔选址上首先就看中了汉阳龟山，因为蛇山顶上已有黄鹤楼。

但是，武汉市城市规划专家却不同意将电视塔布局于龟山之顶。理由很简单：如果电视塔上龟山，**“龟蛇锁大江”**气势将会为此而变。

电视专家与地方城市规划专家展开了激烈辩论。

结果是电视专家占了上风。地方城市规划专家沮丧：全球或许有一千座电视塔，可是全世界只有一座龟山……

(10)

一座电视塔终于在龟山顶上出现，武汉市民感到惊奇、困惑、懊悔、茫然直至麻木。

因为，在这座山水城市，类似这样破坏自然景观的实例已经屡屡发生。

(11)

这是一个需要重新发现的年代。

当我漫步于武汉长江大桥，看到龟山顶上的电视塔，发现这是武汉城市规划与建设中一处地地道道的遗憾之点！

深深感到城市科学遭遇破坏自然的亵渎！让我们从尊重自然、尊重城市文化开始。

龟蛇二山是武汉三镇的“中央公园”，山林与水面得天独厚，人文经典源远流长

为什么？因为城市科学首先发现的是城市自然的山山水水，城市科学首先力主保护的也就是城市自然的山山水水及其文脉。

——龟山电视塔究竟是否适于建在龟山顶？成为我现在所从事的一项城市设计研究课题。

我将在下封回信给你详细介绍相关课题内容。希望你能提出你的建议与见解，我们可以共同探讨。即使关于这项探讨将会持续相当长时间，但是，对于武汉这座山水城市如何确立本体客观及科学定位一定有所支持。

在元

2005/6/11　于广州

（陈婕：中国注册建筑师、供职于上海）

武汉：长江与汉水汇合口的南岸嘴，水面多旋涡。“城市文化中心”设计方案（喜马拉雅空间设计2002）以旋涡为主体空间构成三题，寓意地方自然特色以及城市向心力与凝聚力

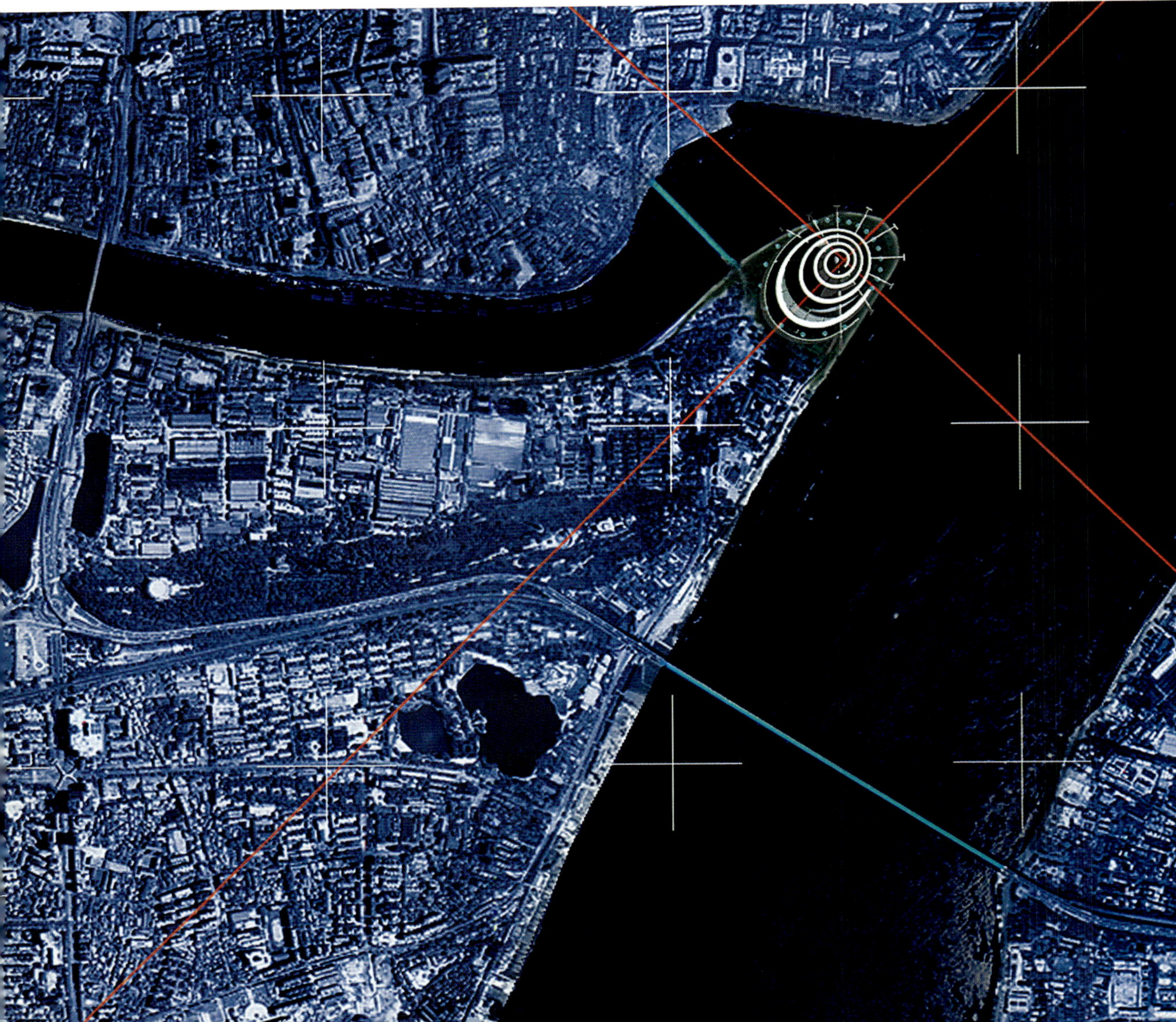

武汉“城市文化中心”设计构思草图（设计：张在元）

山东省威海：刘公岛水师广场服务基地（设计：喜马拉雅空间设计）在尺度上尊重“北洋水师总督府”，控制体形于2层，外墙饰面为取自于当地石材，与“北洋水师总督府”取得协调

美国：东海岸从波士顿到纽约的铁路沿线风景，建筑与自然环境的和谐构图

15.城市加减法

美国：位于西海岸圣何塞市的硅谷，群山环抱的高科技起源地

玲琳：

你好。

贵报来电就我在“武汉大学五月城市设计论坛”上关于建筑单体风格与城市整体格调之间关系的演讲提出了更深层次的问题，说明贵报对这个领域十分关注并具有极好的敏感度。

在此，就贵报所关注的要点作出解释与说明。

(1) 建筑单体风格与城市整体格调之间的冲突

在国内城市建筑“张扬热”的背后，其实隐藏着这样一种认识误区——一些城市当权者认为在发展城市的过程中，只有打造更多的“标志性建筑”才是建立了现代化的城市，才是与国际接轨。但是如果所有的建筑都过于强调自我、张扬自我，无疑就会破坏与周围城市环境多年沉淀的和谐美感。片面张扬性城市绝不等同于整体性特色城市。在城市演化的进程中，城市之于建筑，毫无疑问，城市是主体，是所有建筑的载体，建筑只是构成城市空间的基本元素。可事实上，很多新冒出来的“标志性建筑”以及自我标榜的现代建筑，

广州市中心区的城市绿洲——流花公园得到保护

与城市文脉的本来面目却格格不入。

其实城市建设追求创新本身并无过错，但所谓的兼收国外各家之长、标新立异的前提应该是首先了解自我，了解本国本地历史，在此基础上让建筑设计融入城市的大环境，而不是“削足适履”地破坏城市的原有和谐美感。

曾经有人问我，究竟什么是城市？我说城市可以被认为是不同时代建筑的有机集合。这种有机，是像大树年轮一样有着生命的肌理，而有机的建筑应该是城市文化、城市历史的一种积淀。所以，在城市建设中，城市的根、城市文化的本来面目，不仅不应被模糊淡化掉，而是应该更加切实保护和顺理成章突出体现，这才是真正的城市特色与“个性”。而“标志性建筑”的成立绝非自我定论，它需要时间积累过程以及公众评价。因此一个结论性的意见就是：城市特色与个性的形成必须从城市的整体、系统入手，而不是仅仅追求建筑单体的张扬个性，且需要相当长时间的积累。这个积累过程也就是城市与建筑文化生命的成长。

(2) 城市规划与城市化需求之间的矛盾

广州市中心区的城市绿洲——吉祥路人民公园成为市民心目中的宝地

学者们似乎在忧虑，城市化浪潮汹涌澎湃，一些老的城市里弄街坊正逐渐消亡，取而代之的是拔地而起的高楼大厦，满足了投资者的经济效益，可是一些建筑却破坏了拥有城市文脉的整体感与和谐感；政府主管也叹苦经，每年这么多人涌进城市，不拆不建满足不了居民的住房需求。表面上，这似乎是一对难以调和的矛盾，其实结合中国国情需要我们冷静地对城市结构、城市布局及空间形态作深层系统分析，然后寻求系统科学的对策。我们不妨横向比较来看看巴黎，有人说，人家没有我们这样的困扰，因为它的城市化已经到位了，其实并非如此。即便像巴黎这样的城市也要解决新增人口的住房问题，可它和我们大拆大建的做法不同的是：宁愿在郊区建一些新城（有的是纯粹居住功能），也要把拥有历史价值的老城区保护起来，并且力求形成老街区的和谐街道景观。这种做法并不是反城市化，恰恰相反，是尊重城市化而又不被它牵着鼻子走，对城市建设速度过快所导致的“大拆大建”作出理性控制与调节，从而保持应有的整体平稳步伐。这确实值得我们借鉴。

尽管现在有一些不同见解，但我还是欣赏上海“新天地”的做法，因为不管怎么说它以现代人的文化视野、商业理念以及先进技术客观尊重、科学保存了城市历史的见证，留住了城市的那段记忆。难道说客观保护城市的原有形态，保存具有历史记忆的街区，我们

瑞士首都伯尔尼：市中心保持山水自然形态格局

东京：饭田桥警察派出所建于立交下以及道路交叉口东侧的“残余空间”。

的城市就是落后的，就是没有和国际接轨吗？当然不是。事实上，人们并不觉得“新天地”落后，并不认为是没有和世界接轨，反而被大众视为时尚的“城市圣地”。

实现中国现代化需要城市化，需要科学合理的城市规划与开发，但是决不是像现在这样疾风暴雨式地、急功近利以及浮躁盲目地推进。如果我们过去追求的是“跃马扬鞭”，那么现在，我们也要“马儿啊，你慢些走”。或许适当地“慢些走”可以使我们有一些时间来冷静地系统地思考城市问题。

(3) 是破旧，还是立新？城市加减法的学问

仅仅从城市景观、城市空间艺术的角度考究，发展城市的最终目的到底是什么？城市与建筑究竟应该为后人留下些什么？通俗地说，世世代代在城市平台上的所作所为都可以归结为“空间视觉艺术”，城市在景观上应该留下一种“空间视觉艺术”的集体记忆、公众纪念与文化价值。没有城市历史观的“破”与“立”，我认为是对城市美学价值观的严重扭曲。

是不是只有破“旧”才能立“新”？这是一个非常耐人寻味的问题。在我看来，现在需要深刻反思与检讨。造成城市“破旧立新”现状的基本原因其实不是城市化，而是我们

东京：饭田桥车站是一座旧建筑，保持人们对这座车站的城市记忆

的观念以及房地产相关政策的倾斜：往往是开发商看上了某个地方，然后要求城市主管部门必须把这个地方拆光，要投资建多少新建筑。似乎一切是“投资优先于一切”，而不是“城市文化与城市公共性优先于一切”。显然，我们的城市理性开发模式应该确立“城市优先、而不是一味迁就商业投资优先”。因为如果是城市优先，人们首先会考虑所在街区到底有没有必要耸立这么高的建筑，高层建筑尺度上以及体量上将会给原街区居民造成何种居住心理负面影响？对周围的城市布局及景观将造成怎样的连锁“反应”？所以就这点而言，很多标榜的所谓“国际接轨”，还不如说是“唯我商业”作祟。

纵观世界许多城市，街区、建筑大多还保存着数百年甚至上千年前的规划格局以及建筑风格。但在我国，由于体制以及观念等方面的原因，城市规划往往是因城市首脑频繁更替而变，长官个人意志决定一切。这不能不使我们意识到真正确立城市规划在城市中的法律地位还有一段历史时间。

各地城市主管对于“标志性建筑”的狂热追求，其实也是当地城市主政者“城市加法”政绩观的变相体现。什么是“城市加法”呢？我们坐在电视机前，打开报纸，不时可以看到某某显赫建筑建成、新区落成剪彩的报道，而城市主管领导的讲话几乎都是滔滔不绝地

在渲染新“标志性建筑”的政绩，在城市的新蓝图上“崛起”的“标志性建筑”是多么辉煌！至于在城市发展中保护了哪些具有城市历史价值的街区，用了哪些“城市减法”去阻止那些投资商虎视眈眈的“新圈地项目”，在哪些具有公共绿色景观价值的社区控制了不应该发展的项目，我们对规划进行了怎样的理性论证和评价……这样的声音，却太少太少。

按照“城市加法”的思维，很多人也许不明白纽约为什么需要建立长4.2km、宽800m的中央公园？！这么好的地段、这么大的面积拿来盖房子岂不是更好？他们也不会考虑到，如果市中心不盖这么多高楼，而是盖到周边去，会让高层建筑更加从容，让城市更加舒展。在“城市加法”的思维惯性下，中国的城市需要的只是“扩张”、“标志”、“张扬”和“标榜”，需要的是体现政绩的形象工程。因此中国城市化的发展，现在可能已经到了需要回过头来思考城市发展战略的紧急关口了：需要研究城市在发展层面上客观地思考文化的内涵，需要切实检讨1/4世纪（1980～2005）城市发展过程。如果说过去强调的是城市发展的硬道理，那么现在应该静下心来好好研究城市发展的软道理了。如果缺乏足够的基础性研究，一味追求大干快上，旧貌换新颜，那么留给子孙后代的不是文化，不是历史，而是一些需要改造的“城市烂摊子”，一处处城市建筑垃圾。

四川省都江堰：城市绿洲与绿洲城市，历史与自然之间和谐对话

研究城市战略不是空谈。现在中国城市发展，不缺资金，不缺技术，不缺人力资源，不缺土地资源，缺的就是“城市战略”。在某种程度上可以作出这样的判断，将来我们的城市如果发展失误，是因为中国极度缺乏“城市战略家”；如果要发展成功，也只能靠新一代“城市战略”。1949年新中国建立以来，是军事战略家在管理与治理城市，而缺乏甚至未能拥有“城市战略家”来治理二次大战后处于世界城市化潮流中的中国城市。以某种历史观点透视，20世纪中叶至21世纪初，整整一代中国几乎没有出现“城市战略家”。通常城市行政干部的调动，从A城市快速调入B城市，或者在一个城市仅仅短暂停留便高升去北京，这是造成“城市战略家”流失的基本原因之一。因为，诞生“城市战略家”的根据地及其相当长时间积累是必要的基本前提。此外，改革开放对于城市开发的高速推进导致称职的“城市首脑荒”出现，许多完全缺乏城市系统知识准备的干部仓促上阵，甚至主持城市重大项目决策，结果一些项目决策失误而造成巨额损失，却被上级原谅为“交学费”。中国还是一个发展中国家，在城市首脑组织上的失误所导致的“交学费”给国家造成的损失需要反思。归根结底是中国急需要“城市战略家”来治理21世纪中国城市。

在我看来，“只见建筑不见城市”，实质上是一种“城市发展战略”上的失误。研究当

纽约：利用城市残余空间开发城市公共交通设施、保持城市轻轨早期钢结构支撑体系

今中国城市规划与开发所有问题的本源，其实都是城市战略失误。那些应该思考战略的领导，却忙于应付战术的事情，在可以炫耀政绩的表面细节上斤斤计较。从城市学系统层次分析，那些所谓的“打造”也好，措施也罢，其实都不是战略，而是一些战术方面的“游击战”。所以当前我们需要深沉思考与制定的是高于城市层面之上的宏观系统性并具有超前预测性的发展战略。它不是口号，也不是领导讲话，而是一个超级城市系统，蕴涵国家的城市发展战略。地缘政治与经济模式、地方文化脉络以及文化背景，蕴藏的是文明特征以及民族精神；也是对一个国家城市发展模式的系统性整合，而不是孤立的、片面的、断章取义的。这方面，我们还相当缺乏，或者说关于“城市战略”意识的建立仅仅是刚刚开始。

在元

2005/6/20　于武汉

（支玲琳：上海《解放日报》记者）

巴黎：蓬皮杜艺术中心以半下沉式广场与传统街区有机衔接，确立现代建筑对城市传统街区的尊重

东京：城市交叉口以街头绿地实现人车分离，确保行人安全优雅的步行环境

OTHEKE
Reinhard

瑞士首都伯尔尼：一片沉静的历史氛围

16. 城市设计游学

——从海德堡到汉堡

文静：

你好。

近期到海德堡和汉堡进行了相关研究课题考察，就两座城市的城市设计的一些感想写成一文，现传给你，请你给予指教。

“早春二月。内卡河正值汛期，一江春水穿过东部峰峦叠嶂的山谷进入市区向西奔流而去。河畔一排排柳树在水面荡漾，木质长凳下半截被水淹没，想像中犹如一叶叶扁舟漂浮在月光朦胧的江边。卡尔·狄奥多尔桥静悄悄地屹立在城区中心地带，一块块凝固青苔的黑色条石叠加成桥拱，层层波澜在桥拱下汇成漩流呼啸西行，涛声留下无限回味与久远的联想……”

这是我于2月3日写下的一段日记摘录。

走出车站，经过俾斯麦广场进入旧城区的豪普特街，然后到大学城广场，沿途发现城市公共建筑及其设施与大学校舍有机交织在一起，直觉使我意识到海德堡的独特城市意象：**大学在城市里，城市在大学中。**

在豪普特街上漫步，心旷神怡，浮想联翩。铺地石板、石墙、红砖墙、红瓦、深铁灰

德国海德堡：内卡河穿越市区，赋予城市文化灵气与自然生命力

色路灯、精致小巧的店面招牌、朦胧温馨的灯光、熙熙攘攘的行人唤起心灵空间深处的质疑性意念：城市究竟是什么？为什么需要城市设计？

海德堡给了我真切的游学感受：城市是人类空间历史层次的积累与沉淀；城市是在历史与文化概括层面上的人类创造及其生活方式，城市也是人类的“大学”。

城市在遥远的起源时期只是给我们提供了极其粗糙的原型，欧洲工业革命之前的城市也只是集中了人类农业文明时代有限的成果。当工厂区开始吞噬曾经是市郊的原野、当汽车开始将城市马车道延伸至远方的集镇，当电梯开始将人们提升到前所未见的空中楼层、当电灯开始从黑暗中为我们突然送来异常兴奋的光明，城市似乎在历史长夜中苏醒了，城市空间与生活道具日益丰富多彩，城市因素也变得越来越复杂。

对应于城市变迁，城市设计从理论至方法开始在世界范围逐步进入城市装置运行过程。

在城市总体规划的规范约束、推进指导以及全方位系统实施期间，介于总体规划与建筑设计之间的城市广阔领域尤其需要以“城市设计”实施各类社区保护及其开发计划，城市设计成为城市发展过程至关重要的中坚与中间环节。

海德堡市与海德堡大学的融汇与融洽格局基于历史背景。然而，现代基础设施与具有历史价值的建筑以及城市自然环境之间的协调关系完全由城市设计予以调节和完善——

海德堡：内卡河边的街道，纯粹地方景观特色，交通完全实行人车分流制

- 位于市中心区内卡河上的卡尔·狄奥多尔桥与河岸步行街、车行道系统由城市设计实现人车分流模式，滨水区交通动线井然有序；
- 海德堡市旧城区得以完整保护正是通过系列城市设计方案予以分期实施达到预期目标
- 内卡河滨水区四季景观历经约30年城市设计而实施成功，湿地与鸟类得到保护，自然树木形成带状沿河森林公园；码头与临水休闲及观光设施选材源于自然，造型、质感与尺度和谐；沿河两岸灯光系统营造出汇集于古城古堡间大学校园的静谧氛围；
- 从街面铺地材质到古老建筑群的外墙材质在整体性城市设计过程得到精心配置与保护，完整地体现出这座大学城的历史与文化素质；
- 所有广告、商店招牌、城市标识小品以及海德堡大学的信息发布招贴都由专项城市设计予以协调性控制，以致城市风景从宏观到微观都显得整体性和谐。

……

海德堡给予城市设计的启示与灵感：城市设计是对城市空间的系统组织与安排；

城市设计立足城市结构协调建筑、建筑群与环境之间形态构成比例及尺度关系；

城市设计遵循城市沿革切实保护建筑以及建筑群的历史景观和社区传统生活方式；

城市设计在一定历史区间实现城市不同类型社区的协调保护与开发，同时赋予城市不

汉堡：以教堂作为街道对景，强调与突出城市的历史性标志

海德堡大学夜景：平和宁静，地面铺砖与石墙面协调，坡道旁设扶手栏杆，足灯照明到位

同类型社区的功能趋向以及景观特征；

当城市面临保护与发展的矛盾局面时，只有通过城市设计在空间群像构成形态、环境与基础设施配置、交通动线系统方面寻求切实协调途径；

历史与现代并非对立界面，在城市设计沟通、推敲与创意综合运行过程可以形成城市文脉的经典连续现象。

社会进步与城市进展的动因可以在一定程度上归结为城市设计思想及其方法的影响力和推进力。海德堡的影响力来自海德堡的历史与文化，同时也来自海德堡大学。当我们将城市影响力比喻为城市软件，那么城市硬件就是城市设计所建立的城市平台。

离开海德堡，抵达向往以久的德国北方海港城市——汉堡。

或许德国南北两座不同类型的名城——海德堡(Heidelberg)与汉堡（Hamburg）的中文译名都是以“堡”作为城市载体，所以急切希望能够去汉堡见识波罗的海之滨的城堡情景。

可是，汉堡给我留下最为深刻的城市意象并非古堡或城堡，而是这座港口城市的“城市设计”。易北河（Elbe）从捷克横穿德国东部之后流入北海出口地带形成天然优良港湾，汉堡港正是由此而建成。

汉堡在17世纪之前历经800余年由大主教区成长起来。可是，1842年一场无情大火焚

毁了几乎接近一半的城区，许许多多古典建筑成为一片灰烬。二次大战后，汉堡港口急速扩建导致这座城市景观发生系列新潮变化。

拥有历史沉淀层面的古典建筑与城市景观受到火灾、战争以及港口扩建的冲击性影响，如何在城市传统断层与快速发展衔接过程中保持汉堡特色？在专项研究考察期间，基于城市设计视点发现以下思考线索：

● 修复并保持汉堡火车总站（Hauptbahnhof）建筑的古典形态，在确保火车总站客运功能的基础上完善服务功能体系，以此强化汉堡城市中心枢纽平台。为此，在火车总站内外重新梳理交通线路及其设施，构筑系列服务空间——从生活复印、商务复印到网络服务中心，从城市旅行系列导游到大规模综合销售及餐饮服务；袖珍邮局与银行为旅客提供及时服务，铁路与城市公共客运及其行李货运系统形成便利衔接。

● 汉堡起源可以追溯到久远的渔村时代，传说汉堡的第一代市民是那些每天挑鱼到集市贩卖的渔民。一项城市设计方案通过城市议会表决：在城市中心的主要街道醒目地段，设置当年渔民挑鱼形态的1:1雕塑群像，形态各异。一方面以此标志性景点丰富城市景观，同时，也使人由此意识与回味城市历史的故事，基于城市街头生活阅读汉堡的历史。

● 尽管二次大战后汉堡城市开发进入较快成长期，尤其是随着港口吞吐量与年俱增，港

汉堡：火车总站仍然沿用历史性建筑

口沿线及其周边一系列新社区开发计划接连实施。汉堡市政府及时针对城市开发计划推出相应城市设计方案，其中明显要点：①控制以教堂为主体视点的城市轮廓线，控制教堂周边高层建筑高度，在城市轮廓线整体比例上确定新建筑形态及高度适当比例。②以汉堡港区整体性城市设计控制新老建筑之间的布局区位、尺度、形态比例、外部色彩基调与质感，所有技术侧重点以保护经典老建筑为前提。③新建筑针对不同功能与性质依据城市设计推出可区别性及可识别性的风格特征。④所有商业广告的位置、尺度以及照明亮度服从城市设计规定，尤其是处于城市轮廓线上的商业广告在夜间的照明亮度不得影响教堂等主体建筑形象。

● 位于市中心区的市政厅于1886～1897年间建成，整体建筑为文艺复兴中期风格。依据城市设计，以市政厅及其广场为中心形成城市政治、历史、文化与商业核心社区板块，周边新建筑在高度、体量尺度上作出陪衬性让步，在整体风格上不作建筑元素的模仿性协调，客观体现时代进展的建筑技术及其风格记录。

● 汉堡于20世纪60年代初期推出的城市设计方案确定完全保护位于市中心区的内、外阿尔卑斯湖，环湖周边建筑群的整体尺度以及密度得到成功控制，湖水品质未受污染，自然风景宜人。

……

从海德堡至汉堡游学期间感受到德国南北两座城市的相异风格及其生活氛围，总之，从领略德国城市文化的两个侧面引起关于城市设计的思考。

汉堡直觉使我重新意识到城市与城市设计的关联性：城市底蕴来自历史、城市魅力来自文化，城市生活源于传统，城市开发及其进展乃是来自城市设计。

这是一个追求“品质”的时代。保障城市品质的基本途径是城市设计。海德堡与汉堡的经历更为明确与坚定了我的一项专业见解及其信念：**城市设计在城市成长过程并非以摧枯拉朽实现旧貌变新颜，而首先是在尊重城市历史沿革基础上的“保护”**。如果没有确立“城市保护”作为城市设计的前提及其相应原则，城市开发将会出现断章取义或本末倒置局面。

如何实现城市存在与城市复兴的战略目标？首先需要切实立足于城市设计循序渐进。

随信附上我拍的一些城市景观的照片，可以更形象地向你展示我的所见所闻所思。

在元

2006/2/16　于汉堡

（文静：上海复旦大学教师）

汉堡：构成港口沿岸城市轮廓线之制高点元素是教堂

汉堡：历史与自然交织的城市风景

汉堡的城市形象标志：城市起源时代的捕鱼与贩鱼者（上）

汉堡港区新建筑外墙基调力求与城市历史性建筑基调协调（下）

汉堡：电话亭设置优先考虑人的尺度，同时以其造型成为装点城市的形象元素（上）
汉堡港区轻轨车站以色彩和独特造型增强本体识别性（下）

位于海德堡中心区内卡河上的卡尔·狄奥多尔桥，铭刻久远的城市记忆

北京劳动人民文化宫：土红色外壁与参天古树交织成古都文脉

河南省："开封府"历史遗址希望在现代城市背景衬托下显得古色古香

17. 中国需要城市战略家

北京人民大会堂首要功能是全中国人民政治中心的象征

小予：

你好。

关于城市发展战略方面的研究，我们已经作过多次交流。

你在广州市城市规划局工作多年，城市生活以及城市规划管理实践也许使你对于城市发展战略得到进一步理解。记得前些年，我们之间的联系以及对话往往局限于规划手法以及城市开发进展趋势，可是最近几年，你的见解多涉及到“城市战略”与“城市战略家”，我意识到这是一种城市观念的飞跃，令人欣慰，也使我受到鼓舞。

如果说“城市规划”是城市战略的执行层面，那么城市战略就是城市规划、城市开发及其城市治理的思路、方向与纲领。提出城市发展思路、确定城市发展方向、制定城市发展纲领、系统推进城市主体性历史性发展的首脑人物就是“城市战略家”。

中国城市发展正在经历从“量变”到“质变”的转折性历史阶段，准确把握这个历史阶段需要“城市战略家”的视野、胸怀、胆识与智慧，同时也需要“城市战略家”的领导才华及其空间艺术造诣。

最近，就此实验性研究写成一文，请你为这篇文章提出一些建议以及修改意见。在城

市战略研究直至城市规划推进方面，你在工作实践中已经拥有相当积累，而且你经常基于地方城市具体情况对于我所从事的理论课题研究给予方法和信息支持，使我深为感动。

此时，我们在这篇文章中讨论的主题是城市战略与城市战略家，这是一个中国城市发展过程至今普遍存在的现象弱点。针对这方面的弱点应该如何寻求对策？希望你能给予一些支撑研究的启示性意见。

在元

2005/6/28/　于武汉

（史小予：广州城市规划局总工程师）

南宁：广西旅游信息传播中心（设计：喜玛拉雅空间设计 2002），立足于地方城市人文化战略的创作意境

云南：昆明市中心基于城市战略而保存了一组传统风格型古建筑，成为这座城市的历史缩影

青岛以“保护与科学开发港湾＋旧城区”确立城市发展战略

附文：中国需要城市战略家

在目前各级城市的决策者系列，缺少真正具有城市战略研究、城市规划、城市系统工程知识背景的领导干部，尤其是缺乏具有城市综合素质的城市战略家。

时下流行一项经典政治理念：发展是硬道理。其实，这个“硬道理”背后蕴涵一个深沉的“软道理”，这个“软道理”就是战略，就是思想。

当前，一些自持己见的专家关于城市规划与建设问题的评论与建议生气勃勃，时常在媒体和学界引起一定反响。这是一个令人鼓舞的现象，表明社会公众对城市，对城市文化与城市建设越来越关注，交织无数机会与困惑，也希望在众说纷纭的普及性交流平台急于发现解决城市问题的出路。毋庸讳言，探寻中国城市化进程中的城市发展道路确实不是一个轻松的课题，需要几代人乃至更长时间进行持续求索。

安徽徽州——“保护、保留、保存”体现城市的历史视野及其存在战略

20世纪80年代起至今，仅仅25年时间，中国从沿海向内地初步形成了现代城市群格局。而类似城市化进程，在西方差不多经历了三四百年，正所谓“罗马并非一日建成”。如果没有对城市战略、城市文化以及城市开发过程研究的积累，如此疾风骤雨式的城市建设与发展设想不出现偏差似乎不大可能。事实上，我们恰恰缺乏这种积累的过程以及过程的积累。从世界城市发展史的角度俯视，中国历史上的建筑与城市在系统理论研究层面先天不足。也许有的学者对此持不同见解：泱泱5000年中华文明怎会没有城市文化的积淀？难道古代城市系统研究就是一片空白吗？至今结论仍然不明确。

在此，不妨回首考究“中华文明”的显著特征究竟是什么？通常普及层面的文明象征是“出土文物”、“四大发明”、“文房四宝”、“古玩字画”、“酒”与“茶”等等。历史文献以及民间传说对于“中华文明”有着各种各样的解读与诠释，但是，几乎很少有人以系列论著将“建筑与城市”作为“中华文明”的经典代表，更没有学者对城市作出系统研究与探索。因为，“建筑与城市”自古以来就是一个几乎被人遗忘的角落。

人们也许意识不到，如果没有张择端留下的那幅《清明上河图》，我们要研究中国宋代的城市规划，尤其是从城市生活、城市商业、城市交通、城市社区复合空间的角度来研究

海南海口以“滨海绿色生态家园”体现新兴海岛城市发展战略

当时汴京（开封）的城市生态，就几乎很难获得第一手系列形象资料；也许人们同样也没有意识到，经历漫长的历史岁月，无论是从《史记》到《资治通鉴》，还是从《诗经》到《论语》，居然也没有确认与记载中国的城市规划师和建筑师。

的确，中国古代也有《考工记》，但是在过去的“匠人”意识时代，一系列见解都是从“匠”的角度纯粹以沿袭技术来讨论建筑和城市，人文以及科学的内涵相当薄弱，社会经济、城市法律、市政工程、城市景观、城市信息几乎在时代视野局限中窒息，从某种意义上透视，甚至可以说是空白。而在西方，即便是古希腊、古罗马时代，系列史书或一些研究性笔录，对于建筑师和艺术家都有平等与详细的记载，这也使得当时欧洲的城市与建筑理念、建筑哲学与技术能够得到保存并流传下来。

据考证，中国在内陆城市起源的系统研究方面仅仅才开始起步，目前还只是停留在城市布局、城市轮廓发现以及城市与建筑建构关系的层面上。因此必须承认，史上对于城市研究的不足以及行业偏见，导致当今中国在城市发展道路上一时出现建筑文化茫然，城市文脉被肢解甚至割断。

由于中国是一个内陆城市起源的国家，主要城市以及主体城市群发展长期徘徊于长城

保持城市的历史层次以及城市的地方建筑特征，成为广州城市形象战略的首要基点

内外、大江南北，基于国境边缘以及海洋通商建筑与城市的系统考证及其相关研究至今尚为片断状态；城市基本哲学在人文方面的解释，在科学技术方面的交流一直相当封闭。直到19世纪中叶，鸦片战争导致沿海“五口通商”，中国沿海才开始出现具有西方现代意义上工业与贸易文明的城市雏形。帝国主义的炮舰打开了中国的大门，随之沿海“五口通商”与长江流域“租界城市”的“租界社区”强制性开发带来中国城市格局的变化。基于建筑文化的角度透视，尽管这种交流是被动的、甚至是一种“西方列强文化压制”所导致的城市文脉扭曲现象，但在世界城市之间的接触层面，却是中国城市史上一次破天荒的历史性交流：电灯、电车、电梯、工厂、地铁、汽车、电话、百货店……这些现代城市的元素由此裹挟而来。所以，回顾这100多年来中国城市所走过的路，其速度快于过去1000年，其规模也大于过去1000年。

第二次世界大战后，尤其是20世纪60～70年代开始，世界城市化浪潮势不可挡呼啸席卷而来。但是，由于20世纪50年代开始的封闭形势以及文化大革命的负面影响，国内对“城市化快速进展”却还没有作好充分的信息、心理、体制与人才准备。放眼国内城市，许多城市的经营意识、管理模式、基础设施、城市景观以及运行方式还处在农业文明至后工

四川：都江堰市奉行的城市发展基本战略是全力保护好都江堰

昆明的外向型城市发展战略显然是将国际贸易与国际旅游实行结合

业时代的边缘；在相当普遍层面上，一些城市领导者也还没有系统掌握现代城市的观念、理论以及管理方法，从而导致在城市问题接踵而来之际往往束手无策。

城市是一个非常复杂的系统，几乎涉及到人类社会、经济与文化的各个层面。然而，研究这个系统工程的专家梯队至今还没有形成，我们从相关教育体制到干部体制培养都还不够成熟与完善。如果说在发展经济方面我们已经拥有自己的经济学家、改革家、企业家，但是论及城市发展策划与推进发展城市，我们却缺少真正的城市战略家。

那么到底什么是城市战略家呢？

可以这样认为，城市战略家在相当程度上可能就是主管一个城市的市长，或者国家元首。然而，只要是市长或国家元首都可以成为城市战略家吗？结论并非如此。历史上，成为城市战略家的市长或国家元首很少，因为对于城市文化以及城市战略的驾驭在市长或国家元首中存在巨大差异。

构思规划与推进建设长安城的秦始皇、构思规划与推进建设元大都（北京城）的忽必烈，建都南京的朱元璋，他们的史绩在历史上已经得到成为城市战略家的公认，他们的历史地位与城市密切相关。

在当时的时代条件下，秦始皇、忽必烈，朱元璋有那样超越时代局限的城市视野与城

山东文登的城市发展战略基点立足于郊区农村经济的基础支撑体系

市建设远见，他们所确定的城市理念、城市格局、城市规模以及城市风格，都体现出具有历史纪念性的城市战略，建成后的城市体现出卓越的建筑与城市艺术成就，城市生命超越了城市构思和创始者的生理生命。所以，秦始皇、忽必烈，朱元璋成为中国历史上当之无愧的城市战略家。

巴黎的城市规划、城市格局、建筑风格直至城市轮廓线形成都曾受到拿破仑思想的影响，拿破仑思想在一定历史区间孕育了巴黎的城市文脉。法国史学家认为拿破仑既是一位军事家、同时也是一位有一定城市思想影响力的城市战略家。

20世纪50年代初，巴西国会议员古比切克在竞选总统时提出了一个耸人听闻的竞选口号："如果我成为巴西总统，将把首都从富饶的沿海城市（圣保罗）迁往贫穷的中部。"结果，古比切克的政治主张以及城市战略眼光得到选民的认可并寄予极大期待，选票以压倒多数使古比切克获胜而于1955年当选为巴西总统。

古比切克履行了他的竞选诺言，新首都选址于巴西中部一处高原，定名为"巴西利亚"。由考思塔主持新首都总体规划，由尼迈耶承担新首都主体建筑设计，20世纪50年代末即基本完成新首都巴西利亚城市建设。

尽管巴西建筑界对巴西利亚的城市规划与建筑设计提出了系列批评意见，但是，这座

洛杉矶城市发展战略的核心为文化创意产业：好莱坞与迪斯尼

新首都的文化魅力却与年俱增，20世纪80年代被联合国教科文组织授予“世界文化遗产”，这是一项基于世界最高文化与科学平台对于巴西新首都所给予的最高城市成就评价。

巴西总统古比切克的城市战略在20世纪世界城市之林独树一帜，他的魄力融入巴西乃至世界城市编年史：把首都从巴西最富饶的沿海城市迁到了最贫穷的中部，以此扭转国家区域经济与文化发展不平衡的局面，重新建立了巴西首都新形象，重新树立了巴西在国际上的国家新形象。

基于以下见解：对于城市发展的超前眼光，对于城市发展过程关键项目的决策以及驾驭能力，对于解决城市复杂问题的系统分析以及决断力，都是成为一个城市战略家所必备的基本素质。回首20世纪中叶至今的中国城市经历，事实上，在国家层面，邓小平是一位卓越的城市战略家，他所构思并推进的经济特区城市改变了20世纪末叶中国城市的战略格局。

但是，在城市层面，国内还没有出现可以称得上是城市战略家的城市领导人。确实，国内一些大城市也出现飞速发展、日新月异的现象，但是对于这种变化及其发展，我们很难感觉到是被某种城市战略眼光所牵引。透视1980年以来中国城市建设过程，更多教训使我们深刻意识到所有城市问题的症结之一在于城市系统观念以及方法相当欠缺，从而导致城

刘公岛爱国主义教育基地在山东威海城市发展战略格局中具有举足轻重地位

市在一些实质性功能片面或片断方面出现误区、误导以及误差。而系列误区、误导以及误差已经成为城市健康成长过程的潜在负面因素。因此，当前迫切需要既有国际视野又熟悉国情的城市战略家，从战略思想的高度来重新审视和修订城市发展目标、城市进展方向、城市规划思路以及城市建设模式。

显而易见，中国需要真正的城市战略家。不过这并不意味着一位具有最高行政权力的首长就能管理好城市，他必须是拥有城市战略意识及其“城市发展执行技术”的综合素质。当前各级城市政府已经意识到，中国要实现现代化，首先必须实现城市化。不过对一个农业人口比重高、城市化起点低的国家来说，要实现接近发达国家城市化程度的城市化确实存在相当距离，而且所推进途径有所区别。所以，我们现在必须切实注重大力发展中小城市、积极扶持集镇，从规模的“量”和“面”上，而更为重要的是立足城市“质”的基点，以城市科学推动国家城市化进程。

但是，有一种现象值得关注：很多县城在行政级别上脱胎换骨，变成了县级市与地级市；而且，许许多多富有地方历史、文化以及风土人情特色的集镇在逐年消失——这是一种扭曲的“城市化”，也是城市发展战略的一项失误。

德方斯新区成为巴黎城市发展战略的一项现代思路：在旧城区边缘延伸自成体系

城市和集镇是同一个体系，城市的前身是集镇，城市的先导途径是集镇，城市的原型载体是集镇，城市通常由集镇演变而成，城市也是由集镇群组合而成。譬如“武汉三镇”，即由武昌、汉口、汉阳三个历史上称之为“镇”的社区所组成。城市战略家尊重地方文脉与思考的基点首先是“镇”而不是“市”。考察世界城市与集镇史，我们可以发现这是一项普遍规律。然而，在中国，几乎相反，上下普遍看重“市”而轻视“镇”。如果市长与镇长在一起开会，市长绝对自视比镇长“高人一等”，因为从行政级别上定位，市长属于“厅局级”，镇长最多也只是个“处级”。可是，却很少有人注意或注重到“镇”与“市”在地方文脉上的定位：平等而属于同一体系。

中国城市化进展速度在逐年加快，但是，与之相应的城市决策、城市管理、城市规划、城市设计以及城市开发执行力得当的人才储备却没有相应跟上。在城市高层次决策与管理者序列，目前极其缺乏真正具有城市规划、城市经营、城市管理、城市建设综合知识结构的领导干部，尤其需要具有综合素质的城市战略家。

长期以来，我们一直遵奉“摸石头过河”的发展“真理”。其实，“摸石头过河”并非尊重城市客观规律的科学发展观，其中包含相当程度的盲目性和风险性，在普遍程度上也

国家大剧院成为“新北京”战略格局中一个备受争议的焦点建筑

造成了城市规划至建设的“高成本、低效益”。20世纪80年代以来中国城市发展历程使我们在程序反复与人为教训中深刻反思：城市的科学发展首先需要“城市战略”——城市思想、城市理念、城市意识、城市结构。“城市战略”由城市战略家提出并确定。

进入21世纪，中国城市发展不缺资源，不缺资金，甚至不缺机构，但是最缺的却是“观念”、“方法”直至“战略”和“战略家”。在一个全球化的市场经济时代，似乎与城市相关的任何硬件都可以进口或买到，然而只有一样东西买不到、甚至不可能进口——那就是各个地方的城市软件——“城市战略”。一旦拥有驾驭本地城市高素质的城市战略家出现，实现本地城市的战略目标、战略方针以及战略措施才有希望。

四川自贡将“盐都”与“恐龙”作为城市发展战略的两个支点

城市边缘地带的环境污染程度直接影响广西南宁的城市战略形象

无地方城市特色是河南巩义发展战略的模糊界面

世界海运是香港作为国际城市生存与发展战略的基点

山西云冈石窟寺院屋顶：建筑与自然和谐的基调

四川都江堰二王庙屋顶：沉浸于生土环境的绿色沉淀

18."功夫"在设计之外

——张在元与程泰宁对话

建筑与城市艺术哲学境界仿佛俯瞰喜马拉雅连绵群山

泰宁学友：

您好。

这次从纽约到杭州，在西子湖畔的一处幽静角落与您作了一番"对话"，感到十分兴奋。

这些年在国外攻读学位，时常陷入一种难以言状的"困惑"与"惆怅"。随着研究的不断深入，我发现我们中国建筑及建筑师与西方建筑界在许多方面的差距越来越大，有些差距甚至牵涉到国家与执业尊严。客观理由远可以追溯到西方的"政治革命"、"科学革命"与"工业革命"，这三次革命对于西方建筑界的孕育、洗礼、启蒙、熏陶以及培养都起到历史性直接影响。可是，我们却缺了这三节"课"，以致我们的成长历程似乎注定就患上"先天贫血症"，在一个历史性的系统结构方面失去了一个必要前期基础环节。

您与张钦楠先生、钟训正教授、郑光复教授、聂兰生教授、邹德侬教授、卢济威教授、卢小荻教授、曾昭奋教授、顾孟潮先生、潘玉琨先生、唐玉恩女士、张钦正先生曾经多次写信给我，讨论我们对建筑人生所共同面临的"困惑"与"惆怅"，那是一些发自内心的真实感言，字里行间流露出您们这一代建筑学家对于国家建筑的责任感，对我的建筑与城市世界观形成起到决定性的启迪与奠基作用。

其实，我们所共同关注的要点可以概括为以下几方面：

20世纪中叶～末叶中国空间艺术哲学追求的竟界：灰色基调背景下的纯净

“东方、西方建筑文化的冲突与交流”；

“传统、现代建筑风格的继承与创造”；

“技术、艺术空间哲学的对立与统一”。

您在上述三个方面结合设计研究与实践作了长期探索，积累了相当丰富的思考细节。我们一直盼望有机会与您在一起开怀畅谈，无奈我这近十年都沉浸在学位论文中，很难抽出一个时机回国与您“对话”。这次来杭州，终于实现我们的心愿。

在这里对小梁所作的“对话”记录稿重新进行了全面校对、核准与订正，从文字到文章都作出最后定稿。觉得这次“对话”内容的基点较为准确地落脚到“空间艺术哲学”，这也是我和您这些年来一直关注与讨论的基本课题，令人欣慰。

我们希望寻找机会将这篇“对话”予以发表或出版，这样可以让同行朋友们分享，更重要的是可以为我们的年轻建筑师提供一份可以作为思考的参考坐标。

当然，我还想过，如果将这篇“对话”过十年后再出版，也就是说到2007年，我们的“空间艺术哲学”见解是否会过时？是否可以经受得住历史检验？还是让客观事实见证吧！

祝您设计顺心顺意！

在元

1997/2/27　于纽约

附文："功夫"在设计之外

——张在元与程泰宁对话

张在元：泰宁先生，在中国建筑界，我所遇到的建筑师和大学建筑系的学生，很多人都知道您，而且都很关心您的情况。每当谈起您，有的给予相当好的评价，有的认为你输出的信息太少。这也许是您自己的一种修养或是一种行事准则。但是大家看了您以前的作品和发表的文章，总觉得您和其他建筑师不同——您不仅是在作设计，而且在艺术修养以及设计方法、建筑文化和城市整体衔接方面作了很多思考。所以大家认为您的文章和您的作品是承接一致的，没有脱节的现象，我感到非常难得。

现在中国的建筑状况，正处于一种从原来的计划经济转入市场经济的开放过程，与外部世界接触越来越多，这种接触有很多好处，可以使我们更多地了解国外建筑界；但同时也对很多建筑师心理带来一些冲击，带来一种挑战。在这种形势下，我在想：您在杭州已经有十多年设计经历，也出了一系列作品，在进入20世纪90年代和21世纪前夕，也就是

巴黎的天空：西方多元空间建筑艺术哲学沉淀于城市文脉的写照

进入所谓的转型时期，您的一些思想方法和思考过程，是否可以给我们作一些基本的介绍。

程泰宁：这个问题涉及面比较广，我想还是结合自己的设计经历谈一些想法，这样比较合适。

我于1956年大学毕业到中国建筑科学研究院，一直到“文化大革命”，前后近十年。因为是科研单位，设计作得少，除了参加一些国内和国外的设计竞赛，承担一些科研项目外，主要是看书，书确实看了不少。从中国古典文学、画论到西方文艺史、西方的建筑杂志都看。建研院条件好，很多书是孤本，比较广泛地接触古今中外的信息，这段时期对我很关键，打下了一个基础，对自己后来工作有好处。

张在元：我插一句，这近十年经历对您的整体基础来讲非常必要。回顾起来对您以后的设计思想、设计方法形成，在哪些方面产生了影响？而哪些方面又是多余的。因为时间很紧，要学的知识又很多。而学建筑学与城市规划的学生往往都很茫然，很想一下子提高水平，甚至梦想一夜之间成为大师，当然客观上是不可能的，但心情可以理解。请您就当时的基本情况、工作经历，回顾一下，对我们的青年建筑师是个借鉴。

程泰宁：其实我在学习和工作上也有个从不自觉到自觉的过程。开始时只知道狼吞虎咽，业余时间看书，上班结合研究工作也看，当时每个月到图书馆书库去一次，拿个小板

上海：20世纪30～40年代犹太移民居住过的里弄成为这座城市国际化社区的历史性艺术片断

凳，从早上坐到下午，开卷有益，凡建筑类的书挨着排看。开始有点盲目，但慢慢地把看过的书联系起来思考，就逐步知道了我要学些什么，有选择性地看些什么书籍了。当时我很想从宏观角度、历史角度来理解文化和建筑发展的脉络，这一点对我很重要。于是，我读了中国通史，看了西方艺术史和一些文艺、美学论著。有两本书，我反复看过多遍，一本是《文心雕龙》，一本是丹纳的《艺术哲学》，当时我花了很长时间啃这两本书。

张在元：《艺术哲学》后来翻译成中文本了。

程泰宁：对，由傅雷先生翻译。《艺术哲学》主要论述文艺发展的历史框架。不管它是否准确，但能从宏观、从社会背景来分析文化及艺术的发展历程，给了我很大启迪：作建筑设计不能脱离社会，不能脱离整个国家乃至世界文化背景，不能脱离空间艺术哲学。当时我已意识到（当然不像现在看得那么清楚），任何文化的发展都是一个螺旋式上升的过程，好像现在发生的一些事情，过去都曾经发生过。如"风格"问题、继承与革新问题，在法国现代绘画刚萌芽的时候也争论得很激烈，一派说另一派落后保守，另一派攻击对方浅薄无知，争论问题和现在差不多。

张在元：历史由各时期的重复现象组成，我们今天在许多方面也被卷入"重复现象"的旋涡。

北京四合院：城市空间艺术哲学的历史见证

程泰宁：一百年过去了，回头看一下好像比较冷静。库尔贝是好的，德拉克罗瓦是好的；同样，安格尔也是好的。很多新东西，比如印象派，开始有人觉得印象派简直是离经叛道，甚至认为在艺术上层次也很低，但是大家逐渐承认它了。所以，看问题要历史地、宏观地来看，包括建筑文化进展过程，包括流派的发展变迁，都不能从一个时期一个问题孤立来看，而要从大的方面来看，这样就容易理解很多问题。学习历史、文艺史对于我思考一些建筑问题很有帮助。

张在元：我觉得这一点非常重要。刚才我所理会的内容可以概括为一点：您从一位刚出校门的建筑学专业的青年学生到中国建筑科学研究院后，当时是建立专业基础的阶段，却不完全局限在建筑学一点上，而是“爬”到东西方艺术哲学的一个制高点，从历史文化的宏观架构上来俯瞰、透视建筑学领域。当然也许当时的视野高度可能还是有所局限，但从自己当时仅有、现有的学术高度来看建筑学架构，理解到建筑学的含义，不仅仅局限在建筑之内，而是与历史、文化、哲学相互渗透、密切相关，这本身就意味着是一种成长阶段的进步。而且通过这些，您看到历史的重复现象和重叠现象，那时就进行了一些纵向与横向的思考，这也许是您以后建立“建筑文化坐标系”的前提和基础。

程泰宁：是的，这是一个方面。另一个问题也慢慢地在我思想上清晰起来：建筑的本

质到底是什么？应该怎样学习？思考的结果是陆游的一句话：“汝果欲学诗，功夫在诗外”。开始从朦胧中顿悟：在诗外的“功夫”究竟是什么？我很喜欢绘画、文学，特别是中国古代的诗词；但我不太懂音乐，但也看一些音乐家的传记和评论，主要是西方的。我没有专门研究过书法，但我也很喜欢。书法、金石就是构成，和普拉克、康定斯基的构成有异曲同工的意境，我很感兴趣，而且看到这些就会很自然地联系到建筑。那时我也很喜欢石涛的绘画，我觉得这对建筑的理解有很多帮助。建筑与艺术、文学、绘画、音乐等等有很多共通的东西，作设计不能局限在平、立、剖面，局限在建筑外形上，应该有更深刻的内涵，应该深入到文化层次、哲学层次。虽然当时并没有那么清楚，但懂得了“功夫在诗外”的道理，所以我能从其他门类视角反过来看建筑，这可能比在学校里学习有更深层次的理解。

张在元：确实有道理。您刚才讲到中国书法、金石、篆刻对您后期的创作思想形成、创作潜意识的影响，我感到这是一位建筑师成长过程必要的人文底蕴。以前我对这些时常处于感知与思考的混沌边缘，但以后看到很多学者对书法、金石、篆刻与建筑关系的研究之后，我觉得很有道理。至少目前我开始意识到，书法、金石、篆刻，不仅仅是平面上的一元构成，在很大程度上展现出一种空间艺术构成，也是浑然一体的三维时空交织。现在，我发现：这种源于中国，与文化脉络及空间艺术相关的独特意境是国外建筑大师很难进入的

“道法自然”(四川青城山)：中国空间艺术哲学的起点与经典

一种领域，这是真正属于我们的一种“空间艺术基础结构体系”。我们曾经一度疯狂地迷信国外的解构主义（disconstructicn）。无论是荷兰早期的解构主义，还是后期俄罗斯的解构主义，所代表的是与我们“书法、金石、篆刻构成体系”完全不同的艺术哲学及其表象。迷信西方的构成主义或“解构主义”，并不意味着盲目地忽视甚至否定我们自己的“构成体系”。

所以，是否可以简要地概括：您所说的艺术哲学意义、文化意义就在于建筑的境界与意境。

程泰宁：完全对。

张在元：陆游所言“功夫在诗外”，那么“功夫”究竟源于何处而又如何体现？诗意追求的是意境与境界，如果古诗没有意境，像现代打油诗那样仅仅是现象的陈述，绝不会流传千年。流传至今的诗也许是古诗的几十分之一，几百分之一，几千分之一，我们今天能够读到的所有古诗均拥有自己的诗情意境。其实建筑也是一样。

杭州黄龙饭店的总体布局，您就吸取了中国画飞白、书法印章构成的艺术原理，后来反复琢磨，觉得没有牵强附会之感。也许有人在看惯了国外大师的一些平面以后，对如此融汇“中国画飞白、书法印章构成意境”的布局可能不屑一顾，但每当我们亲临实地再仔

浙江民居成为杭州城市文化的依托

细品味，再从中国文化以及杭州地方文脉来透视，确实觉得意味深长。

我建议，您是否可以将黄龙饭店平面构成作一些其他的表现形式，置于更大的城市环境中来表现，也许会成为杭州整体城市书法长卷中一颗具有独立境界的印章。

程泰宁：过去你也讲到过黄龙饭店门口一块石碑上刻的那句诗"悠然见南山"。我觉得建筑师看一些文艺方面的书籍绝对不是可有可无的，而是很重要很必要的。我很喜欢看诗词，尤其喜欢与建筑意境有关的诗词，如苏轼的词"转朱阁，低绮户，照无眠"，这是一种意境；"曲径通幽处，禅房花木深"、"采菊东篱下，悠然见南山"，都是一种意境。这种意境对人是潜移默化的，让你能深层次地思考问题，除了建筑以外还和其他因素结合起来考虑。

关于黄龙饭店，你写了一点东西，张永和也写了一点东西，你们讲的和我想的很接近。但现在很多人看黄龙饭店的着眼点不完全相同。嘿，这个房子的屋顶有点传统风味，琉璃瓦顶颜色不错，分散式布局减小了体量等等，这个对不对？也对。但我设计黄龙饭店真正的思路不仅仅局限于工程上。我曾经写过一篇东西，已经把我的设计思路基本上说清楚了。黄龙饭店设计从绘画、文学方面等受到不少启发，我希望作出一些真正有内涵甚至有中国哲理的作品。中国哲理和国外不同，美国贝克特作过黄龙饭店的方案，香港严迅奇先生也作过，他们都是名建筑师，特别是严先生很有才华，他们所提出的作品自然而然是一个思

杭州第五城市立面的建筑艺术

路。他们那套思路很清楚，就是强调建筑主体，如果觉得主体体量大了，他就改小一点，改一个台阶式的，这是西方思维方式的自然渐变。当时我想走另一条路，从表层看、从形式上看既分散又穿透，但我觉得最重要的是空间哲学思想。

中国哲学思想基点之一是"天人合一"，建筑与自然是一个整体，而不是仅仅把建筑作成台阶式，片面缩小体量。我的设计方法基点是注重人工空间与自然环境协调。中国哲学思想认为建筑是自然的一个部分，所以你怎样把建筑和自然完全融合起来，这是设计的主要问题。这个原则不一定适合其他地方，但是适合于黄龙饭店。从哲理层次讲，这种建筑观与西方不同，西方建筑的主体意识很强烈。尽管黄龙饭店有四万多平方米，体量很大，但我们并不强调建筑主体，而是强调建筑与自然的结合及融合，这是基于空间哲学层次的思考。

基于另一角度，我认为要讲究意境。黄龙饭店当时作了很多方案，都不满意，心里也没底，惟独当这个方案草图画好、工作模型一摆出来，我心想就是这个方案了。那时的模型还是很多方块，还没屋顶，主要是从与环境结合和意境创作角度考虑的。所以在黄龙饭店设计过程，从形式、意境到哲理，我更看重后两个部分。现在建成的琉璃攒尖屋顶不是必要的，具体画图时也作了很多没有顶的，但不成熟，最后选了这个顶，我并不很满意。现在有些人强调屋顶，强调了一些体形或形式上的东西，我觉得有些遗憾，如果黄龙饭店没

有这个攒尖琉璃屋顶，是不是就没有中国的含意，我不这么看。如果没有这个顶，黄龙饭店方案的基本构思还是在那儿，对我自己来讲，还是有些突破。

现在我们看建筑，评价、设计一座建筑，这里面也有一个层次问题。最初一个层次，往往从平面、造型考虑比较多。再深入一个层次，到意境，到氛围的营造，再进入到哲理，我认为这是我们中国建筑师的优势，是我们发展的潜力所在。尽管黄龙饭店有很多毛病和问题，但是就这点来讲，我认为设计能站得住脚。

张在元：您刚才介绍黄龙饭店的设计过程和思想脉络非常清晰。我始终感到任何一位建筑师，创作和评价一座建筑时往往受到时空局限。譬如，我们不可能用20世纪90年代的标准去评价一项三四十年代的作品。现在世界建筑进展得很快，各方面变化也很快，甚至去年设计的作品在今年已经有许多建筑技术都可能过时了。所以，我想在当时20世纪80年代设计黄龙饭店的情况与现在已经有了很大不同。以今天的眼光和单一技术标准评价当时的建筑，我觉得许多方面需要把握整体与连续性的过程。但是有一点，中国建筑文化的内涵空间是什么？具体的技术体现究竟以什么标准定位？每个国家的建筑师都在谈论自己的建筑文化，落实到建筑的具体设计上以什么模式及风格体现？至今中国建筑文化主体框架是传统的积淀与延续，继承传统以及推陈出新的态度与方法，成为当代中国建筑师的首

杭州街景：适宜的尺度与和谐的基调

位职业困惑，也是我们所面临的挑战。

同样作建筑设计，在中国与在日本和美国的处境、心态、思路、标准以及所对应的市场机制完全不同。中国历史所包含的建筑历史，几千年浩浩荡荡及慢慢悠悠地延续到今天，以“现代”这把利刃割断历史与传统显然不可能。在另一个方面，丢掉自己的传统去盲目地抄袭“国外”事实上是自己否定自己。在与日本及欧美一些建筑师接触过程中，了解到他们在设计过程中对“传统”与“现代”的一些观念及基本方法，概括而言：所有的传统都分别属于过去的某一个时代，而各时代建筑师（包括建筑匠人）所接受的建筑教育（包括师徒传授）、思维方式、所经历的社会生活方式、所接受的建筑制度都与现在完全不同，而要处于这个时代的建筑师“回到”过去某一个时代去复制、模仿传统的形式显然是非理性倒退，而倒退决不能在这个时代区间找到出路。对传统的基本态度是以历史观点考究那个时代的建筑精神、文化意境和境界。因为任何建筑都是满足所在时代人的心理及生理生存需求，所谓文化意境和境界就是人的心理因素作用及反馈。“曲径通幽处”的“幽”就是一种心理意境，“悠然见南山”的“悠然”就是一种文化境界。这种意境和境界是中国传统文化中一种基因，我们一度视而不见，甚至相当忽视。

我认为中国建筑师要学习西方建筑文化中的一些空间构成理论及其方法，最好实地考

证与体验地方城市文化脉络等一些很好的要素；同时也要与那里的建筑师就创作态度及其运行模式作一些交流，很有借鉴作用。西方建筑师的人生经历和文化背景不同于中国建筑师，建筑创作方法明显地体现于建筑师个人意志以及美学意识的表现。如果在东西方建筑文化结合方面一时找不到共同点，有些方面沟通就比较困难。所以我们在"意境"与"境界"方面适当地将西方的人文思想吸收过来，再将中国的人文思想融汇进去，可能会在我们的作品中为人们创作出感受新体验的境界。至于黄龙饭店，现在看来，我到并不认为屋顶与传统建筑形似、神似，我只是感到进入黄龙饭店所体验到的一种空间气质、一种特有的空间氛围，它的整体格调，它的意境，它的品质和传统的精神蕴涵一种文脉连续感。对我们来说，特别是对我个人而言确实是一种学习与借鉴的模式。

程泰宁：你太客气了。

再回到刚才的话题。在中国建筑科学研究院十年，尽管作的设计不多，但对我来说，打下了理论基础，这段时间也没有虚度。

"文化大革命"时期可以说是第二阶段，参加劳动、"五七干校"，后来下放到山西省。山西建筑界对我很不错，包括省委、省人大一些高层领导对我很关照。但一个大时代的影响，当时有些时空界限很难超越，想作一些设计很困难。这十年，尽管出了一些作品，但

杭州西湖：连漪与序列的城市意境寓意

思想局限性很大，大柱廊、琉璃瓦风行的时候，很难去违背这种时代风潮。这一段时期的作品没有什么特色，只是在建筑与雕塑相结合的一些局部作了一点探索，对那些作品自己并不满意。在山西十年除了作设计外，也在看书，也在思考一些问题。

张在元：也许是我的一种直觉，在北京，您在建筑理论、在基本的建筑文化架构方面打下了相当好的基础；而在山西十年虽然您在设计创作上受到很大局限，可是另一方面，那个相当局限的时空却给了您相当机会去接触中国最基层的民众生活，使您在一个普通的生活空间文化层面上获得最基本的体验，并不是在北京，也不是您在建研院所能够了解到的中国普通民众生活。因此，那一段经历对于您后来的设计创作又打下了“基层生活体验基础”。

程泰宁：是的。

张在元：也没有什么可后悔的。

程泰宁：当然没有。

张在元：我们时常说建筑为人服务，但我们却往往对普通人的基本生活方式并不熟悉。所以首先需要熟悉人们的基本生活方式，这是创作的基本前提。您在山西的十年正是建立这种基本前提的体验与积累过程。

程泰宁：确实如此。从平常人的角度看生活，同时也看建筑。如果说我在前十年对于很多问题的思考基点是理论性的或者是高层面的，而在山西十年，使我能够站在中国民间更坚实的生活基础上对过去的经历作出系列反思，应该说比以前更接近与贴近普通生活，考虑问题比以前更为实际，更为客观，不是像以前那样有些不着边际的虚无飘渺。此外，这十年的基层生活反而使我产生了一种创作欲望，因为憋得太久了；这十年不断地有一种沉积性冲动、一种力量，想让自己积累的信息抒发出来。在我后来的设计过程，反映出一种创作气质以及强烈的创作表现意识。

第三阶段，到了杭州，作了一些项目设计，遗憾的是当了八年院长，我不得不把大部分时间和精力放在行政上。无论怎么说，这一阶段作黄龙饭店、加纳国家剧院、马里会议大厦设计，包括你看过的一些方案，如河姆渡遗址博物馆方案，尽管数量不多，慢慢地把我以前积累的文化元素逐渐渗透到设计作品中。

张在元：厚积薄发。

程泰宁：当然也不能说都很成功。到这个阶段，我作设计已经能够从刻板的考虑功能、技术、形式等等狭窄的圈子跳出来，能够从大的方面来把握。一项设计有些什么特点和矛盾，应该表现一些什么主题要素，概念相对比较明确。与过去不同，创作进入了相对把握

杭州山水built朦胧的城市轮廓线

自由的境界。譬如说河姆渡遗址博物馆，当时几个单位作设计竞赛，凭心而论，业主原来希望我们能中选，拿来了一些日本的博物馆图片给我们参考，而且告诉我们某位领导喜欢“坡顶”，还要做成干阑式建筑的样式。但我觉得把几千年前的而且谁也不真正知道的建筑式样搬到今天来，实在有点庸俗化，经不起推敲。我想表现的是一种历史与现代的时空交织感，甚至带有久远陌生的神秘感，而且馆内的空间组合也要能表达遗址的氛围。后来还是按自己的想法作了方案，觉得有一定突破，但业主不赏识，结果未能中选。我一直认为这是一个很大的遗憾。再就是杭州铁路新客站，做这个设计，最让我伤脑筋而且花时间最多的课题却是形式，就是什么“城市大门形象”，唯形象而形象出发做设计事实上会将设计作偏。我觉得这种车站实际是以铁路为主体交通体系的一个中转性换乘点，设计的关键是如何使这种换乘最安全、最方便。所以不能把站房、广场和站场孤立来做设计，要看成交通流线客观组织的整体，特别是还要从城市大交通环境来考虑。做设计要有整体观念，要研究很多也许与建筑无关的问题，否则设计是作不好的，这也是一种观念。

张在元：我和清华大学曾昭奋教授曾经谈起，像你们这一代建筑师，人生经历非常丰富。“文革”十年对你们来说应该是最好的创作时期，而你们却是另一种处境，这种经历对于国外建筑师来说极其罕见，是不可思议的事情，除非他因政治问题而被流放。回到历史

现实，这也是你们这一代建筑师很显著的特点。将来再过100年来研究20世纪50年代至末叶这一代中国建筑师的创作经历非常有意义。难能可贵的是您经历这非凡十年后并没有向现实妥协，而是立足于这十年经历，在中国改革开放过程中继续重新学习。努力保持一种自己特定的创作文脉体系。我觉得这一点难能可贵。在与其他建筑师交流时，大家认为程泰宁先生在人生经历及其创作经历中没有轻易地向挫折妥协，而是积极对待人生，热爱生活，热爱自己的创作生命。对于我们这一代以及后代建筑师都是一种鼓励、一种教益。

进入21世纪前夕，中国建筑业进入转型时期，中国建筑师的状况大有改变，很多后起之秀大量涌现。您是一位勇于接受新时代挑战的建筑师，就这个方面您是否能谈谈体会与感受?

程泰宁：20世纪90年代以来，我碰到了几个问题，与过去作设计不一样，这些问题你可能也有体会。一个是市场经济发展很快，商品经济大潮对建筑设计冲击很大，设计的基本规律也产生了一些变化。商品经济进入建筑学，这在国外可能已经有很长时间了，但在中国，20世纪90年代以后才凸现出来，这是一个很大的变化。建筑师不得不从象牙塔、从纯学术角度构思、纯文化意境的创作空间中走出来，不得不面对商品经济社会产生的种种问题。

现在作设计，业主的意见很关键，有时候业主的意见比原来领导还要具体。怎样对待

杭州黄龙饭店前庭的碑刻：悠然见南山

这些问题，很多时候有矛盾，但思考下来，问题其实很清楚。我认为，建筑师要以积极态度面对这些变化，这一点很重要，而且要把商品经济的因素作为创作中的一个因素来考虑。

张在元：欧美及日本建筑师都曾有过同样的经历，只不过时间区间以及执业表现方式不同而已。

程泰宁：现在看来不能闭门论创作，这样将会被动地适应业主的要求。你一定要综合各方面的因素包括业主的要求作设计，尤其要考虑工程造价以及先进技术的经济性。

业主从经济角度出发的思路对设计构思有时能产生新的触发点和契机，能让你有些新的、过去从来没有过的想法。我作过几个这样的项目设计。如浙江联谊中心大厦，在通常情况下，我不会作出那种体形。但是业主对容积率的要求很高，同时又不能影响西湖景观。受到几方面因素制约，作出了这个体形。我不是说这个体形怎么好，倒是有些特点，但它确实是在商品经济因素影响下产生的，只能说逼着我拓宽思路。当然，换言之，商品经济因素对建筑创作的制约很大，其中主要是业主的水平等各方面问题，确实对我们作设计造成很多被动影响。这就是你所说的困惑。

张在元：是的。这种情况在国外同样出现，不仅仅是中国的业主给建筑师带来更多“麻烦”，其实，哪里都是一样，业主永远是建筑师的朋友，同时也是让建筑师头痛的“婆婆”。问题的关

键是建筑师以何种心态、立场、理念以及方法对应。

程泰宁：对这个问题有两种态度。一种是你怎么说，我就怎么做，你满意，我拿了设计费就行，结果把建筑师的社会责任放弃了。我觉得在这种情况下建筑师要负起责任，要做工作。现在作设计很难，要花很多时间。最近有一个项目，跟业主最后谈到了这样程度：我说，我能体会你们业主的困难，如果我们设计在经济效益上搞得不好，你要跳楼的，要丢乌纱帽的，我完全能理解。但是你开发项目也不能仅仅为了赚钱，还有一个社会责任问题，要给别人看别人用，而且后代人也会评价说20世纪90年代杭州建筑怎么会就是这样的？！有时一个方案拖很长时间，有的业主能接受，有的不能接受。再困难我们也不能放弃，有矛盾的时候，你还得要耐心做工作。

20世纪90年代商品经济因素介入建筑设计，怎样来对待这些问题？是一个很大的课题。我觉得我们现在的建筑师在心态上还没有完全适应。街上房子那么多，看看都差不多，业主要怎样做就会怎么做。这是一个比较大的问题。

最近我在《建筑学报》发表的一篇文章中提到，中国建筑师这么多年来，这么一点力量设计出这么多的房子，本身就是一个功绩，这是好的。但问题确实也很多，我归结了三条：创作心态浮躁，创作思想含混以及理论基础薄弱。这三条是构成当前中国建筑状况很

杭州黄龙饭店的庭园：建筑与自然融为一体

不能令人满意的原因。所以外面看看房子是盖了不少，其实大部分都不尽如人意。我经常讲：“触目横斜万千朵，赏心只有两三枝”。包括一些大城市，细看起来，真正好的作品真是不多，什么道理？中国建筑师在商品经济大潮中兢兢业业的敬业精神少了，设计作得很快，一方面是业主一味压缩工期，另一方面则是设计单位也要求尽快拿到设计费，这就成了一个很突出的因素。所以，设计中被人为因素逼得用心思太少，很少也很难精雕细刻去琢磨，去思考，去尽建筑师的责任。

20世纪90年代以来碰到的第二个问题是国外建筑师进入中国，西方建筑文化对中国的冲击和影响，这是一个极其令人注目的焦点。一句话，没有与西方的信息交流，特别是如果没有西方建筑师在中国设计了那么一批建筑，我们的创作思想也不可能体现出受触动后的那种活跃。但这里最大的问题是中国建筑师自己的定位问题，把自己的定位坐标和西方建筑师定在一个位置上，这是一个明显的误区，一种盲目性。现在有些人认为KPF是好的，西萨·佩里是好的，还有像理查得·迈耶的东西，像彼得·埃森曼，弗兰克·盖里，都觉得很不错。我不是说他们的作品不好，不是的。但是，我要问：他们的作品好在什么地方？是不是像宣传炒作得那么好？这里确实有些问题，总是有意无意将自己的坐标和西方建筑坐标混在一起了。比如说“二十年不落后”就是要跟西方去比科技发展，比经济实力，怎

么能比呢？必须承认差距的存在。但是，讲科技，讲我们的施工技术和材料有差距，就认为自己不行，这是一种认识误区。一味这样，造成了心理失衡，也就是我所说的"把自己迷失掉了"。如果我们用另一种心态与另一个角度来看待这些，可能会好一些。我现在要求自己对这些问题尽可能有全面的看法。比如说自己，我承认有差距，不承认不行。人家在建筑创作和科技、城市设计以及许多人文科学、社会科学结合方面，确实做了很多工作，走在前面。我们在这些方面差距相当大，但我们在看到差距的同时，也要看到自己的潜力和优势，这是很重要的，尤其不能跟在人家后面亦步亦趋。你若从西方建筑科技的进步这个侧面看，就认为他们在建筑上有多么高，把两者等同起来，就会走到一个误区。这也是我们有些建筑，或者是抄袭，或者是模仿，层次不高的原因。

所以，我想中国建筑师应该建立自己的坐标，建立自己的标准，如果能这样，我相信中国建筑进步会更快。这些年我和外国建筑师有些接触，有些也很知名。在工作设计方面，他们能在很短的时间提出作品，功能上、技术上合理且经济，我觉得自己就来不及，我要慢慢思考，这是他们的经验和优势。从另外一些角度来讲，他们也有相当多欠缺，我刚才举的黄龙饭店的例子，也能说明一点问题。反过来讲，这也是我们的优势。如果能从发挥自己优势的角度考虑问题的话，我们会有一些新作品出来。

程泰宁的建筑细部处理（尚在施工期间）

我经常讲“立足此时，立足此地，立足自己”。我很喜欢自己的这几句话，特别是“立足自己”这条，建筑师如果有比较好的文化修养、文化素质，以及对西方文化的理解和对传统建筑的把握，你就不会一味觉得人家的东西好，自己的东西差，你就会从宏观上看到自己差在哪里，好在哪里。在这个基础上，避开自己差的地方，学习人家好的东西，同时发挥自己的优势。我很欣赏印度建筑师查尔斯·柯里亚的作品，他是在所处地方条件下作出来的作品；安藤忠雄也不错，最近马来西亚的杨经文作了一系列作品，现在要完整评价他的作品还为时尚早，不管怎么说，他是结合当地的气候条件等情况推出自己的作品，也是他自己的想法。中国建筑师如果能从不同的角度来认识建筑，中国建筑会走出新的路子。我作设计有时也有定位，就是“现代的、中国的”，其实不这么说也行，说到底就是“自己的”。我有一个看法：无论中国还是外国，每一位建筑师都只能从一个角度一个方面来观察来认识建筑，不要大家都涌到一条路上跟着走西萨·佩里的路，走SOM的路，或者走KPF的路。其实，他们走他们的路，您能不能换条路走走，我是有这么一个思想，我不知道您的看法怎样？

张在元：您讲得既客观又中肯。从您的谈话中我学到很多，受到启发与鼓舞，对我的建筑思想以及一些基本概念，包括对国内建筑状况的了解起到切实的开导作用，确实是非常难得。您所讲的一些创作经历以及20世纪90年代创作思想与过程，还有您对建筑人生

寓意中国民间建筑艺术特征的门饰－1

经历的思考过程所归纳的一些初步结论，不仅对于我，对于更多的建筑师都有参考与启迪价值。根据您讲的内容，我想可以概括为两点，就是：中国建筑师正接受着两个方面的挑战——一是市场经济，二是西方建筑文化。

程泰宁：是的。

张在元：目前，中国的国家经济正处在一个史无前例的转型期。以前是计划经济，我们所接受的设计项目几乎都是国家计划工程，从项目成本到利润的考虑相对比较薄弱，甚至没有。所以，设计院作设计往往是完成国家下达计划，上交年度设计费指标也是完成国家计划。进入市场经济阶段，建筑设计开始受建筑市场经济规律左右。任何项目的经济投入，主要基点是成本控制与效益预测。投资者投资项目，他的主要期望值是理想回报。因此，他主要考虑的是容积率、覆盖率等诸如此类的经济技术指标。建筑师所谓为业主服务也是千方百计在设计方案中如何满足项目回报效益的要求，但为此往往就要省略或牺牲掉建筑师的一些空间艺术表现，这就是建筑艺术与经济效益的冲突。以前我们的一些国家计划项目留下许多胡子尾巴工程，很多房子盖了若干年，结果盖不下去，今年补上投资 100 万，明年追加投资 200 万，后年再追加投资 300 万，这在一个市场经济体系成熟的国家不可想像，会导致企业倒闭、纳税人追究，银行也逃避不了亏损下场。目前我们已经开始遇

寓意中国民间建筑艺术特征的门饰－2

到不同于计划经济时代的处境，业主不让留下胡子尾巴工程，他希望很快地得到项目效益回报。这样一来，新的问题又出现了，业主往往不太尊重项目运行客观规律，只是一味要求“快”、“快”，结果导致设计仓促，施工粗糙，最终建成的“作品”几乎毫无空间艺术品质可言。这就对我们以往设计所遵循的“方法与过程”形成冲击。所以，我认为您刚才讲得很有道理，建筑师作设计应该更加切实地考虑经济与艺术的协调问题。对于一些商业性建筑，它的首要定位就是商品，本身就包含投入产出的基本概念在里面，如果建筑师既为业主从空间效益上着想，又能说服业主接受一些适当的建筑艺术要素，那就有可能实现建筑师与业主共同的理想目标。

这对于我们中国建筑师来说是一种适应过程和学习过程，也是今后作设计的一门必修课，这是中国建筑市场经济发展的必然趋势。建筑有很多分类，以前我们认为每座建筑都是百年大计，都是巍然耸立的纪念碑。其实不然，有的建筑确实要成为城市乃至国家文化象征的纪念碑，但有相当一部分建筑却不可能成为纪念碑，而且周期相当短，特别是商业建筑，过一些年就要在内外装修上更新换代，有的建筑甚至拆掉重建。这并不是说不重视建筑的品质，而是建筑市场适应各类商业经营模式的对应方式。一方面，经典商业建筑保留存在，另一方面，则有多数商业建筑总是处于不断“改头换面”的演变过程，这种“演

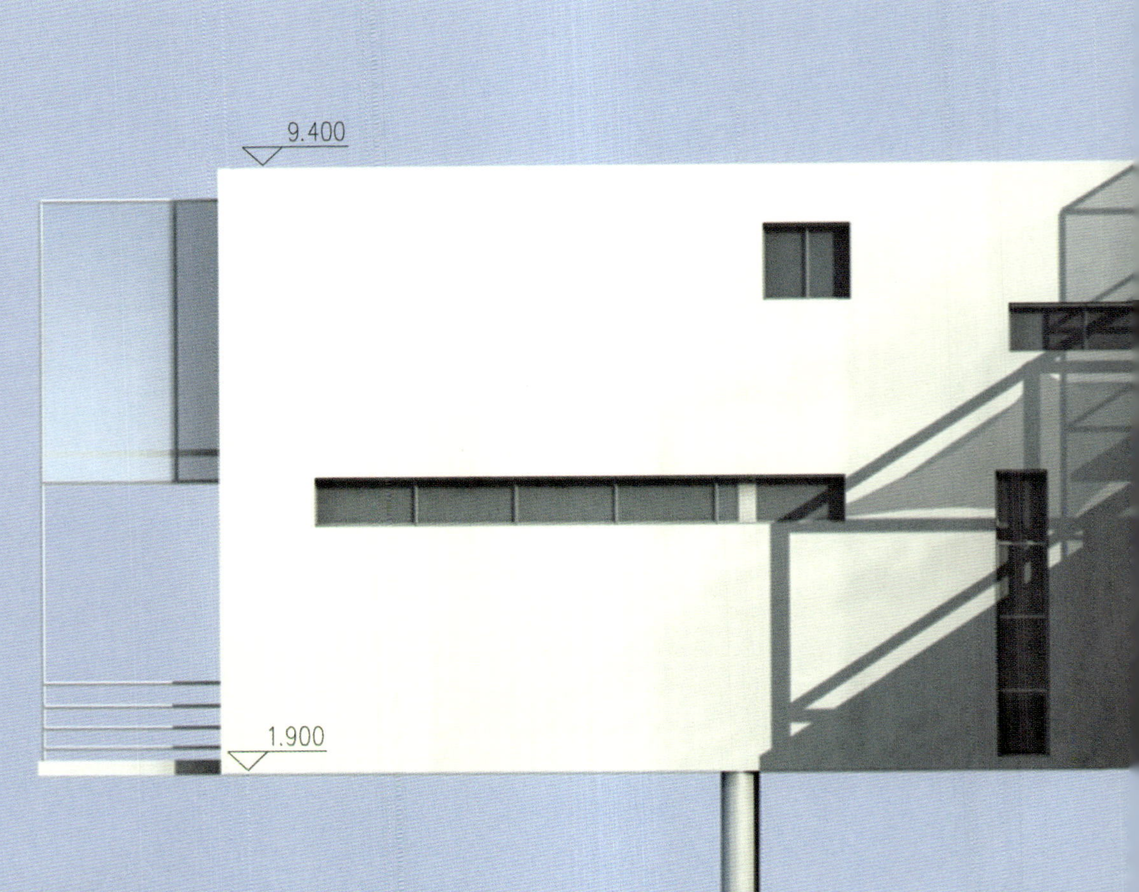

变过程"也会产生一些空间艺术形式，成为一个时代的记录，美国拉斯维加斯从城市到建筑就是例证。我们不能回避各种空间艺术理念以及风格的挑战，而且要在观念、知识与方法体系作好准备并适应这种变化。但是，无论作什么项目设计，我们都要严格把握建筑的品质，我们所强调的品质不仅仅是建筑的外表，而是从整体功能、形式、环境、设备到各个细部的系统协调。"品质至上"的基本标志是技术与艺术的高度完美统一。建筑师作设计要切实站在业主的立场考虑问题，要从经济控制到具体技术实施协调上对业主负责。当然也有相当多的业主难以沟通，这是正常的事，因为不可能每一个业主都是学建筑学的行家。这个沟通也是建筑师的学习与工作，也是建筑师设计社会化的一个方面。

关于对西方建筑师的态度，我在国内外有许多感受。自从开放以来，西方开始悄悄地发生建筑文化"转移"，这种"转移"的声音与动作连许多西方建筑师也未能察觉。首先，我们应该意识到，西方建筑师及其设计事务所进入中国是一个必然过程，挡不住，也挤不出去。中国建筑文化有巨大的包容性，这种建筑文化"转移"对中国建筑未来也不会全是负面影响。

程泰宁：是的，肯定也是正面影响。

张在元：就西方建筑师进入中国这个问题，我与西方建筑师和中国建筑师都作过一些讨论，彼此心态完全不同。首要问题是为什么西方建筑师要来中国？我不完全了解，绝大

杭州金都社区会所（设计：喜马拉雅空间设计 2006）寻求色彩在城市文脉中的回归感

多数西方建筑师以商业为首要目的进入中国建筑市场，在建筑师过剩而又缺少相当项目支撑的一些西方国家尤其如此，他们希望在中国承接到确保商业利润的项目。只有极少数对中国文化感兴趣或有一些了解的西方建筑师，来中国作设计的目的是为了体验中国文化，与中国建筑师交流，同时也希望在一个古老文明大国的土地上留下自己的作品。前后两者作设计的态度与方法相异，可能中国建筑师与他们相处的感受也不太一样。

这里有一个主要问题，您刚才也谈到了，就是与西方建筑师打交道，作为中国建筑师一定要保持自己的独立人格，保持自己的专业自信心。并非所有来中国的西方建筑师都是高手，也不是说高手建筑师来中国作的设计就是好作品。西方建筑师之间差异也相当大。我们既要虚心地向他们学习，更重要的是在学习与交流的基础上明确自己的专业定位及其实力。这是一个你中有我、我中有你的时代，没有任何一位大师可以一手遮天，独霸天下。

中国地域广阔，我倒是认为，如果有条件，在一些适当地方让西方建筑师作一些实验性设计也是可以的。中国历来的建筑都是在融汇了世界各国建筑文化基础上发展起来。像美国北边是加拿大，南边是墨西哥、古巴，与南美也是隔一线加勒比海；在欧洲，尽管许多国家相邻接壤，但很难找到一个像中国有这么多交界国家的大陆。既然与这么多国家交界，就有一个多国籍、多边文化的相互交流与影响，逐渐形成一个多元文化渗透的体系。而

喜马拉雅空间设计与法国建筑工作室合作设计“北京新国际展览中心”（中间站立者为张在元）

且中国建筑文化也是在这种多国文化影响下成长起来的。现在"多国多元建筑文化"远远不局限于周边交界国家了，而是全球性的。

西方建筑师到中国来作设计，一个是享受政策开放的优惠条件，另外一方面则是中国文化历来有一种包容性，这片土地可以宽容地接受与容纳多元建筑文化。但建筑确实有它的特殊性，和汽车、电脑、计算机不一样，建筑在文化层面上固守一种"地方"文脉及其社会背景。您刚才提到的印度建筑师查尔斯·柯里亚，在美国接受建筑教育后，回到印度。仔细考究，柯里亚的作品也没有用多少高档材料，他的设计都是立足印度地方风土，使你感到这座建筑就只是在印度存在，在美国没有，在欧洲也没有。埃及建筑师哈桑·法蒂用了一些新空间构成意识与地方材料相结合，在适应地方生活方式的基础上悄悄进一步改善与提高了居民的空间生活品质，而且形成了一种独特空间艺术气质。

还有一位建筑师就是我的导师，曾任哈佛大学与东京大学建筑系教授的Fumihiko Maki先生，他对我说："在哈佛大学任教时，我意识到属于自己创作的土地并不在美国，而是祖国日本。于是，我辞去哈佛教职回到日本。从1968年开始作东京代美山集合住宅社区设计，直到2001年作完这个社区的第七期，前后连续经历33年。"1993年，Fumihiko Maki先生在芝加哥获得美国"普立茨克建筑奖"和UIA国际建协金奖，其中一条受奖理由这样写道：

喜马拉雅空间设计与德国Linie4-Architekten建筑师事务所合作设计汉堡车站商业中心

Fumihiko Maki在东京代关山集合住宅社区的连续设计过程及其作品，体现出他对地方文脉的尊重，并以善良的人性尺度建立了确实适于地方居民生存的物质与文化空间。

看来我们的观点具有明显的趋同性，对待西方建筑师与西方建筑文化没有必要害怕，也没有必要抵制，我们可以和他们互相取长补短，各有所长，以诚相见，这样就可以建立一种和谐的彼此交流氛围。

在建筑意识形态以及建筑文脉方面，有如我们对西方相当欠缺了解一样，西方建筑师对中国很多地方与领域也是相当不够了解，但是，有一些西方建筑师一直致力于了解中国建筑文化，他们多次到中国旅行，体验民间建筑生活。

当然，西方建筑师作中国项目设计，难免按照自己的轨道运行，我认为这也是可以理解的。问题是最终我们既要向他们学到先进的技术与方法，但在设计意识及其主体方向上又不能跟着人家跑，也就是你说的需要“建立自己的坐标”。当然这还需要一个过程，既要耐心，更要信心。

我希望泰宁学友能够扎根在杭州及华东地域，这是属于你的创作土壤，经过坚持不懈的努力，和全国各地建筑师一样，会作出真正属于中国、属于杭州的一批确实成为文化经典的建筑作品。这不仅是我，也是全国乃至全世界建筑师和人类社会的期待。

加拿大温哥华：漂浮在海面的木结构建筑艺术

程泰宁：谢谢你的鼓励与支持，但是需要时间。

张在元：过去我们太天真，以为1979年开始实现国家现代化，中国的建筑师及其作品很快也就会现代化。其实并不是这样，历史是过程的“微积分”，而这个“过程”至少需要几十年，或许是几代人的连续努力与奉献。

在人生建筑之路上，我们一直需要脚踏实地、勇往直前。

（1997年2月16日于杭州。梁擎天整理对话记录，张在元订正对话文稿）

山东威海：滨海社区步行街流动空间艺术（设计：喜马拉雅空间设计 2005）

new china international exhibition center

“北京新国际展览中心”总平面（设计：喜马拉雅空间设计＋

后记

空间生命之树的年轮

——中国空间思路

18世纪，世界处于“国家时代”，“空间”概念徘徊于国家内部的教堂与宫殿。

19世纪，世界进入“世界时代”，“空间”概念开始超越国界向外部世界的殖民地与租界延伸。

20世纪，世界进入“全球化时代”，“空间”概念的定位坐标不再是一个或几个国家，也不是世界的某个局部区域，而是全球尺度与速度。

21世纪，世界进入“宇宙时代”，人类关于“空间”的思考比以往任何时代都开始注重空间的生命——以宇宙视野透视我们在这个星球上人类居住的家园，从和平到战争，从摧毁到重建，从灾害到复兴，从憧憬到人性……我们彼此相互依存，在空间笼罩的安全领域相依为命。

在地球表面欧亚大陆东部的一大片陆地，拥有这个世界四大文明体系之一的中华文明。公元1500年以后，曾有一系列外来列强势力企图蚕食、侵吞、分裂与抹杀古老的中华文明。然而至今，几乎所有妄图以异文明覆盖中华文明的野心及其阴谋均落荒覆灭，华夏文明基石依然坚实地存在于这片土地传统文化的深层。中华文明不仅没有在外来列强无数次“占领”、“侵略”的腥风血雨中消失，而且巍然屹立于东方，内涵更加丰富，特征更为鲜明。

20世纪初的“辛亥革命”、20世纪中叶的“中华人民共和国”成立与20世纪末叶的“改革开放”，成为影响中国历史的三个转折点。“转折”的意义不仅仅在于中国人以“革命”、“解放”与“改革”的划时代壮举改变了封建王朝延续千年的体制及其意识，而且对于中国人的生存空间——村落、集镇、建筑与城市带来观念、制度及其风格的变迁。

中国历史上的建筑与城市经历了无数次变迁，但以往任何一百年的变迁都不及20世纪建筑与城市变迁速度之快，规模之大，影响之深远；甚至许许多多“变迁”走在我们思考的前面，变迁引发项目乃至城市主题文化，而思想往往成为“滞后”的解释与论证。

在一个充满快速而大规模“变迁”的时代，最令人眩目的成功象征是城市开发“效益”与“业绩”，而最令人失望或忽视的角落正是建筑与城市的“艺术哲学”。或许西方传统的“经院艺术哲学”离我们相当遥远，但是发生在这个时代我们身边所有与空间规划、设计、实施的“艺术哲学”是如此之近，如此之关联！然而，在所有现实与忙碌的迷雾中，建筑与城市的“艺术哲学”一点一滴地悄然消逝了。

难道建筑与城市的“艺术哲学”对于我们来说可有可无吗？难道“艺术哲学”仅仅只

是大学建筑学院的一门选修课吗？难道“艺术哲学”对于建筑师与规划师而言真是那么虚无飘渺的空泛议论吗？难道“艺术哲学”与城市决策及其城市规划格格不入吗？所有这一切疑问与困惑都应当予以澄清：建筑与城市的“艺术哲学”是每一个时代空间生命的脉搏，它是我们赖以生存的阳光、空气与水。

在建筑与城市研究、设计与教学过程，对于1980年以来在中国所发生的建筑与城市现象，经历了系列实地调查、考证与交流，在分理客观事实过程，与学界内外的学友在通信过程就建筑与城市的“艺术哲学”进行讨论，交流领域及其视野体现为从世界到中国、从中国到世界，落脚点置于中国实行改革开放以来建筑与城市进程。

关于建筑与城市“艺术哲学”的探索过程，并不局限于单纯的研究与设计专业领域，而是渗透到我们生活中的细微思考、细部斟酌与细节处理；理论与实践的融合不是生搬硬套某种公式，而是来自观察的直觉、交流的启迪及其触类旁通的感悟。

在一个地域广阔、地方经济发展不平衡、地方文化层次如此丰富的国家推进建筑与城市进展，无疑会发生无穷无尽的现象与事实。我们不能以消极或抱怨的心态去对待这个时代的现实，而应该在空间“艺术哲学”层面作出求索性的思考与理性实践。所有发达国家都经历了同样或长或短的过程。由于国情相异，他们的成功之路只可参考而不能照搬套用。我们只能是结合国情探索中国建筑与城市成长之路，而探索过程的记录就是中国空间思路。

中国建筑与城市必将不断健康成长，将此想像为一棵具有生命的国家空间之树，所有相关的“艺术哲学”都可以看作是这棵空间之树生命的年轮。

本书整理、编辑以及出版过程，得到了我的老师、学友和学生的支持与协助，这本书凝聚了共同合作者的心血。在此，我要特别提到的是支持本书的各位 Fumihiko Maki 教授、张钦楠先生、张祖刚先生、张庭伟先生、曾昭奋先生；中国建筑工业出版社赵晨书记、沈元勤总编、吴宇江和张振光编辑；武汉大学研究生曾征、陈继文，谨致诚挚的感谢。

本书所有图片为作者拍摄。版式与封面设计为“喜马拉雅空间设计”张怡、吴雪萍及中国建筑工业出版社赵力。

张在元

2006/11/18　于北京香山植物园六号院

谨以此书献给所有求索建筑与城市艺术哲学的学友